제4의 식탁

제4의 식탁

요리하는 의사의
건강한 식탁

임재양 지음

특별한서재

추천사

요리하는 의사의 식탁

밑줄 칠 곳이 너무 많은 책이다.

"상처는 의사가 치료하는 것이 아니라 치유되도록 관리하는 것이다. 몸이 스스로 치유될 수 있도록 도와주는 역할을 하는 것이 의사다."

"이상한 병들이 더욱 증가하는 것은 뻔한 이유다. 환경호르몬이 우리 몸에 과다하게 들어오거나, 들어온 환경호르몬을 충분히 배출하지 못하는 경우다."

"자기는 물만 먹는데 살이 찐다는 사람들이 있다. 거짓말이다…… 다이어트의 기본은 먹는 음식의 칼로리를 줄이거나 운동으로 많은 칼로리를 소비하면 된다."

이 세상에 스스로 100% 완벽하게 건강하다고 믿는 사람은 아무도 없다. 비교적 건강하다고 자부하는 사람들도 다 조금씩 불편한 곳이 있고 우려스러운 부분이 있게 마련이다. 이 책을 읽다 보면 군데군데 "그래, 맞아. 내가 딱 이 경우야" 하며 무릎을 치게 된다. 그러면서 자연스레 어찌할까 고민하게 된다.

나는 대구로 이사하고 싶어졌다. 저자의 병원 근처에 살고 싶다. 그러면서 그냥 그가 하는 대로 다 따라 하고 싶다. 식습관이며 그것을 위해 짓는 농사, 그리고 음식을 준비하는 모든 과정을 그냥 따라만 하면 무조건 건강해질 것 같다. 꼭 운동을 심하게 해야 하는 것도 아니라니 이보다 더 편할 수는 없다. 빵집을 차려 빵을 돈 받고 팔아봐야 이내 망할 것 같아 망하지 않기 위해 그냥 나눠주는 것이 답이라는 원장님 옆 동네에 살고 싶다.

나는 지금 한국형 온라인 공개 강좌 K-MOOC에서 '인간은 왜 병에 걸리는가—질병의 생태와 진화'라는 제목의 수업을 하고 있다. 이 책의 저자가 말하듯이 의학도 발달하고 병원도 많아지고 모든 게 좋아지고 있는데 사람들은 여전히 온갖 병에 걸려 고생하고 있다. 다윈 의학 또는 진화 의학 분야에서는 인간의 몸과 정신은 수렵·채집 생활을 하던 석기시대에 거의 완성됐는데 우리를 둘러싸고 있는 환경이 걷잡을 수 없을 만큼 빨리 변하는 바람에 뜻밖의 엇박자가 발생하기 때문이라고 설명한다. 그런데 저자는 음식을 조절하는 게 우선이라고 단언한다.

허기진 배를 채우기 위해 차려진 밥상이 '제1 식탁'이었다. 그러나 사람들은 이내 유기농을 비롯해 더 좋은 먹거리를 찾아 나섰다.

그렇게 마련된 게 '제2 식탁'이라면, 요리사가 환경도 걱정하고 지속 가능한 농업을 생각하며 차려낸 식탁이 '제3의 식탁'이다. 그러기 위해서는 요리사가 요리만 해서는 안 되고 다양한 분야에 관심을 가져야 한다. 저자는 여기에 의사의 역할을 강조한다. 식생활이 생활습관병의 원인이기 때문에 환자에게 단순히 영양학적 관점에서 음식을 권유하는 수준을 넘어 환경호르몬 배출에 좋은 음식을 알려줘야 한다고 말한다.

"병 종류에 따라 어떤 환경에서 자란 음식을, 어떻게 먹고, 어떻게 요리해야 하는가를 의사가 가르쳐야 한다. 맛 위주가 아니라 건강 위주로 음식을 먹도록 권유해야 한다. 그래야 땅도 살고, 농사도 살고, 우리 몸도 건강하게 살 수 있다. 더 나아가 음식물 쓰레기로 인한 여러 가지 문제점—환경오염, 천문학적인 처리 비용, 결국은 인간의 질병 증가—에 대해 경각심을 갖도록 앞장서서 알려야 한다."

저자는 이를 '제4의 식탁'이라 부른다.

이 책에서 저자가 제안하는 다양한 식단과 식습관을 한마디로 압축하면 결국 채식이다. 세계적인 침팬지 연구가이자 환경운동가인 제인 구달 박사도 여러 해 전 지구를 살리기 위해 채식을 선택했다. 그 결과 팔순을 넘긴 나이에도 생물다양성 보전의 중요성을 알리기 위해 매년 300일 이상 지구촌 곳곳을 돌아다닐 수 있는 것이라고 자신 있게 말씀하셨다. 만일 육식을 계속했다면 불끈불끈 솟는 힘은 더 셀지 모르나 몸 어딘가의 균형이 무너져내려 지금쯤 병원 신세를 지고 있을 것이라고도 했다.

내가 쓴 〈벌레 먹은 과일 주세요〉라는 글이 중학교 1학년 국어 교과서에 실려 있다. 소비자가 흠집 하나 없는 완벽한 과일을 원하기 때문에 과수원 주인은 과일나무를 일 년 내내 농약으로 목욕시킬 수밖에 없다. 과일이나 채소를 기르며 농약을 전혀 뿌리지 않는 것은 엄청나게 힘든 일이다. 하지만 우리가 벌레 조금 먹은 과일이나 채소를 찾으면 농부는 농약 사용을 지금보다 훨씬 줄일 수 있다. 여기서 가장 중요한 점은 벌레가 먼저 시식한 과일과 채소가 훨씬 더 건강하다는 사실이다. 나도 더 건강해지고 지구도 더 건강해지려면 우리가 더 똑똑해져야 한다.

체 게바라, 노먼 베쑨, 장기려에 이어 '요리하는 의사 임재양'의 지혜에 귀를 기울이기 바란다.

최재천
이화여대 에코과학부 교수 · 생명다양성재단 대표

글을 시작하며

의사 생활을 한 지 37년 된 외과 의사입니다. 평생 개원의로 있었지만 한 분야에 머무르지 않고 계속 변화를 모색했고 앞으로도 그럴 겁니다.

25년 전 유방암 검진 클리닉을 열었습니다. 한 가지 장기 검진만 전문으로 하겠다는 의원이 없던 시절이었습니다. 유방암 검진을 효율적으로 하는 시스템을 시작했습니다.

2000년 들어 유방암이 급증했습니다. 유방암의 원인이라고 얘기하는 서구화된 생활 습관에 관심을 갖고 공부했습니다. 건강한 먹거리를 찾아 교육하고 환경 운동도 했습니다. 몸소 현미 채식을 하면서 체중도 줄였습니다. 그 경험을 바탕으로 사람들에게 열심히 바람직한 먹거리를 알렸습니다.

한옥으로 된 병원을 짓고 요리를 시작했습니다. 통밀로 된 건강한 빵을 구워서 병원을 방문하는 사람들에게 나눠줬습니다. 간단하게, 건강한 밥을 마련하는 레시피를 만들었습니다. 사람들이 건강한 음식을 먹고 가슴 훈훈한 경험을 나누면 세상이 좀 더 좋아지리라 믿었습니다.

그런데 세상은 점점 더 이상하게 흘러갑니다. 유방암은 더 많이 생깁니다. 특히 젊은 사람의 유방암 발병이 늘어납니다.

사람들의 식생활은 더 안 좋게 흘러갑니다. 사람들이 말로는 건강한 음식을 찾지만 병이 걸려서도 쉽게 식생활 습관을 바꾸지 못합니다.

TV에선 요리 프로그램이 넘쳐나지만 흥미 위주이고 건강적으로는 지극히 불량합니다. 요리사가 나서서 추천하는 맛 위주의 음식은 건강하지는 않습니다. 그런데 소비자들도 그런 음식들을 좋아합니다.

건강하지만 벌레 먹고 말라비틀어진 농산물은 중간 상인들 손에서 이미 버려집니다. 농민들은 건강하지 않지만 보기 좋은 농산물을 생산할 수밖에 없습니다. 이렇게 세상은 악순환을 거듭합니다.

이제 의사로서 어떤 재료로, 어떻게 요리해야 이 위험한 세상에서 건강하게 살 수 있는지 경험을 통해 알고 있는 제가 나서야겠다고 생각했습니다.

2018년 10월

임재양

차 례

유방암 클리닉

과거 외과는 의사들에게 인기 과목이었다. 그 당시 나는 외과가 인기가 있어서 지원한 것이 아니라 내 성향에 딱 맞았다. 어린 의과 대학생 눈에 의사들이 병을 진단하는 데 사진을 들여다보면서 고민하고 청진기를 가슴에 대고 생각하고 또 생각하는 것이 마음에 들지 않았다. 반면 외과는 모든 병을 단숨에 처리하는 것 같았다. 깨지면 꿰매고, 피가 나면 혈관을 잡고, 혹은 자르면 그만이었다. 외과 전공의 과정은 내게 신나는 시절이었다.

그런데 전문의를 받고 군대 갔다가 사회에 나오니 현실적인 문제들이 앞을 가로막았다. 우선 1989년 전국적으로 의료보험 실시라는 큰 변화가 닥쳤다. 의료보험 실시로 외과는 큰 타격을 받았다. 원가에도 못 미치는 수가로 인해서 개인 병원들은 수술을 포기했다. 자연히 외과는 개원하기가 힘들어졌다. 1990년 들어 외과를 지원하는 의과대학생 수도 급감했다. 그 변화의 시작을 맞은 1989년에 나는 모든 과정을 마치고 사회에 나오게 되었다.

그래도 나는 외과의 자존심을 포기하고 싶지 않아 개원을 했다. 낮에는 외래환자를 보고 밤에는 위험을 무릅쓰고 수술을 시행했다.

다행히 환자는 많았다.

3년 정도 지나자 병원도 모든 면에서 안정기에 접어들었다. 밤낮, 휴일도 없이 환자를 보다가 쉴 여유도 생겼다. 시간에 여유가 생기고 주위를 둘러보자 덜컥 겁이 났다.

나는 평생을 외과 의사로서 수술하면서 외과 정체성을 지닌 채 살고 싶은데 맨날 감기나 물리치료같이 가벼운 환자만 보게 된다면 지겨울 것 같았다. 무엇보다도 나이가 들면 위험한 외과 수술은 못하게 될 수 있다.

젊은 시절, 복부 속의 장기가 심각하게 손상되고 피가 솟구치면 내 심장도 마구 뛰었다. 정신없이 사태를 수습하고 나면 마음이 뜨거워짐을 느꼈다. 문제가 해결도 안 되고 잘못된 결과가 나오면 한없는 절망감에 빠지기도 했지만 육체적으로나 정신적으로 외과 의사의 숙명을 가지고 살아간다는 자부심에 뿌듯함을 느꼈다. 마치 밤새워 공부하다가 동이 뿌옇게 밝아오는 것을 보면서 느끼는 희열 같은 감정이었다.

그런데 현실은 달랐다. 낮게 책정된 수술 보험수가도 문제였지만 누구의 도움 없이 열악한 개인 병원 상황에서 수술의 모든 부분을 담당하고 수술 후 치료를 책임진다는 것은 상당히 위험한 일이었다. 개업해서 이제까지 열정적으로 일해왔지만 나이가 들어서도 그렇게 할 수 있을지 의문이 들었다.

외과의 전문성을 살리면서 위험성이 적은 분야는 어떤 것이 있는지 살펴보았다. 외과는 크게 위장, 대장, 간, 담도, 혈관, 유방, 갑상선 분야로 나누어져 있지만 1990년 당시는 전문적으로 구분되지 않고 한 명의 외과 의사가 모든 분야의 환자를 보았다. 개원 외과 의사는 기껏해야 충수돌기염 수술을 하거나 좀 더 과감한 경우 쓸개를 수술하는 정도가 대부분이었다. 그런데 앞으로는 한 장기만을 전문으로 다루는 시대가 오리라고 생각을 했고, 어떤 장기를 할 것인가 했을 때 위험한 부분을 생각하니 유방이 가장 먼저 떠올랐다.

외과 모든 수술의 합병증은 배를 열면서 생긴다(미안하지만 외과 의사들은 개복 수술을 배를 연다고 표현한다). 배를 연다는 것은 그 자체가 위험을 동반한다. 균이 없는 깨끗한 복강이 공기에 노출되고 원래 배열되어 있는 장기들을 자르고 이으면서 순서를 바꾸면 장끼리 유착도 생기고 그 자체가 후유증을 동반할 가능성이 많아진다.

장기를 자르고 잇는 것은 외과 수술의 기본이다. 그런데 대부분 외과 수술의 합병증은 자르고 잇는 과정에서 생긴다. 그렇다면 배를 열지도 않고, 장기를 자르고 잇지 않는 외과 분야는?

유방이었다.

그런데 유방을 전공으로 하려니 문제가 있었다. 그 당시 유방암은 한국인의 병이 아니었다. 잘사는 서구의 병이고 한 세대가 지나면 많아질 병이지만 당시로서는 시기상조라 여겼다. 따라서 유방을 전공하는 외과 의사도 당연히 손꼽을 정도로 적었다.

그래도 나는 환자 수는 적지만 전공을 살리면서 밥 먹고 살겠다는 일념으로 유방 쪽으로 정하고 개인 의원으로서 어떻게 할 것인가 구체적으로 생각했다.

또 벽에 막혔다. 유방암을 수술한다는 것은 혼자 할 수 있는 일이 아니다. 큰 병원의 시스템을 유지해야 하는데 병원 규모를 키우려면 위험 부담 또한 커질 가능성이 있었다. 무엇보다 암이라고 판정된 환자들이 대형 대학병원으로 가려고 하지 개인 병원으로 올 가능성이 희박했다.

그럼 유방암 검진이 유일한 방법인데, 그 당시 유방암 자체도 적었지만 아무 이상도 없는데 정기적으로 유방암 검진을 한다는 생각은 하지도 않던 시절이라 이 또한 제한은 있었다.

그래도 내가 개업의로서 나아갈 길은 유방암 검진밖에 없다고 판단하고 유방암을 검진하는 시스템을 살펴봤다.

환자들은 유방에 무엇이 만져지면 무조건 큰 병원 외과를 찾았다. 외과에서는 사진 초음파를 찍으라고 날을 잡아준다. 영상의학과에서 검사를 하고 다시 외과 의사를 방문할 날짜를 잡는다. 외과 의사가 보기에 문제가 있으면 조직검사를 언제 하라고 다시 날짜를 정한다. 조직검사를 하고 며칠 후에야 결과를 들으러 병원을 찾는다. 이런 과정이 대개 1~2주일이 걸린다.

이 구조는 불편할뿐더러 환자들도 확진이 될 때까지 굉장히 불안해한다. 이런 과정을 경험한 환자들에게 혹을 만지고 검사를 하고 유방암을 진단 받고 수술을 해야 하는 과정 중에서 가장 불안했던 시기가 언제였는지 물어봤다.

나는 유방암을 진단 받고 수술하기 전이라고 예상했다. 그런데 대부분이 혹이 만져지고 유방암 진단 결과가 나오기까지 1~2주일이 가장 고통스러운 기간이었다고 얘기했다. 차라리 진단받고 나니까 마음이 정리되더라고 했다.

그래서 나는 이런 불편한 진단 시스템에 주목했다. 외과 의사인 내가 사진, 초음파만 익히면 1~2일 만에 환자들에게 결과를 얘기해줄 수 있으리라는 자신이 들었다. 그래서 유방암 진단을 위한 새로운 공부를 시작했다.

기존 병원을 열어두고 환자를 보면서 준비한 시간이 3년이었다. 그렇게 해서 유방암 검진 클리닉을 열었다. 유방암을 진단하는 데 이것은 굉장히 효율적인 방법이다. 지금은 국내 모든 병원이 이런 시스템을 이용하고 있다. 나와 비슷한 유방암 검진 클리닉만 해도 현재 국내에 130군데가 넘는다. 세계 어느 나라에도 이렇게 효율적인 진단 시스템은 없다.

유방암 환자의 증가

1995년 내가 유방암 검진 클리닉을 열 당시 한국에서 유방암 발생 환자는 연 3,000명 수준이었다. 그 이후 유방암 환자 수는 서서히 증가했고, 2000년 들어서자 증가 폭이 커지면서 여성암 중 발생률 1위로 올라섰다. 2014년 기준으로 연 2만 명을 넘어섰다.

이렇게 폭발적으로 급증한 경우는 어느 나라에서도 찾아볼 수 없다. 하지만 지금 아시아의 대부분 나라가 이런 증가 양상을 보이고 있다. 서양인들이야 원래 유방암이 여성에게 가장 많은 암이었지만 최근 동양인들에게 왜 이렇게 유방암이 많이 생기는지 원인을 물으면 모두들 서구식 생활 패턴으로 변해서 그렇다고 이야기한다. 이론적으로 보면 맞는 이야기이다.

유방암은 여성호르몬 때문에 생긴다. 그런데 현대 여성의 일생을 보면 전부 여성호르몬 증가와 관계가 있다. 생리를 일찍 시작하고, 지방이 많은 패스트푸드 음식을 먹고(지방이 여성호르몬을 분비한다), 살이 찌고, 결혼과 출산이 늦고, 아이를 적게 낳고, 수유를 하지 않으며(임신 동안에는 여성호르몬이 유방을 자극하지 않는다), 늦게까지 생리가 있고, 여성호르몬제를 복용하기도 한다.

이미 서구화된 생활양식 때문에 유방암은 많아질 수밖에 없으니 유방암을 진단하는 의사가 검진을 열심히 해서 조기에 암을 발견하는 것이 최선이라고 생각했다. 맞는 말이기도 하다. 유방암은 해마다 급격하게 증가했고, 먹거리를 포함한 우리 주변의 환경은 나날이 나빠지고 있다는 보도가 줄을 이었다.

나는 진료뿐만이 아니라 환경 운동에도 열심히 참여했다. 특히 먹거리에 관심이 많았다. 변화된 서구식 생활양식이라고 했을 때 먹거리의 변화가 가장 큰 이유였기 때문이다. 건강한 먹거리의 필요성을 사람들에게 얘기하고 어떻게 하면 생산자와 소비자를 효율적으로 연결할 수 있을까 고민하기도 했다.

그러던 차에 관심 있는 젊은 친구들과 직접 건강한 떡을 만드는 가게를 열었다. 나는 아이디어와 재정적인 일정 부분만 참여했다. 그 가게는 6개월 만에 망했다. 우선 원하는 재료를 맞출 수가 없었다. 그래도 명색이 건강한 먹거리의 필요성 때문에 만드는 떡인데 재료를 소홀히 할 수는 없었다. 국산으로 제대로 된 재료는 시중의 일반 재료보다 보통 두세 배는 비쌌다. 사람들은 아무리 건강한 떡이라도 조그만 떡 하나에 두세 배 더 비싼 값을 치러야 하는 것을 이해하지 못했다. 그리고 무엇보다 사람들의 입맛을 맞출 수가 없었다. 빵에 커피를 함께 마신다면 떡에는 단술이 있어야 한다. 단술을 만드는 데 인공감미료를 쓸 수는 없어서 설탕 그것도 유기농 설탕을 넣었다. 설탕을 넣으면서 이렇게 넣어도 괜찮을까 걱정될 정도로 엄청난 양을 넣었는데도 맛은 밋밋했다. 우리가 시중에서 마시는 단술은 아무리 설탕을 넣어도 그렇게 달게 할 수 없다. 감미료를 넣어야 그런 맛이 난다. 우리들 입맛이 점점 단것에 익숙해졌기 때문에 단술 맛이 그렇게 변한 것이다. 재료를 감당 못하고, 사람들 입맛을 사로잡지 못해서 떡집은 망했다.

떡집은 망했지만 먹거리에 대해 많은 것을 배웠다. 흔히 사람들은 싸고 맛있는 것을 찾는다. 그런 것이 있을 수는 있지만, 싸고 건강한 것은 없다. 건강을 위해서는 재료는 제대로 써야 한다는 교훈을 얻었다. 급격하게 변해가는 사람들 입맛을 어떻게 설득할 것인가 하는 숙제도 얻었다.

사람들은 건강한 먹거리에 관심이 많다. 위험한 먹거리에 대한 보도도 잊을 만하면 TV를 장식한다. 먹거리뿐만이 아니라 우리 주변에서 편리하게 사용하는 물건에서 나오는 환경호르몬에 대한 이야기도 심심치 않게 거론된다. 더 나아가 모유에서도 환경호르몬이 나온다는 이야기도 들린다.

우리는 어차피 이런 위험한 환경에서 살고 있으니까 유방암은 점점 더 늘어날 것이다. 나는 암의 조기 검진을 열심히 하고, 생기는 병을 잘 치료하면서 우리가 가려서 먹어야 할 음식을 환자에게 교육하면 내 역할은 끝이라고 생각했다.

이상한 병들의 출현

각 분야 사람들을 만나 보면 현재 모든 것이 이상하다고 한다. 기후도 예상 못할 정도로 이상한 증후를 보인다. 북극의 빙하가 녹아내리고 지구온난화가 심각하다. 후쿠시마 원전 사고는 완벽하게 대비를 했다고 생각했는데, 일본을 뒤흔든 지진이 예상치를 넘어서버렸다.

각 분야 의사들을 만나도 병들이 변했다고 한다. 아토피는 과거 젖먹이 아기들의 병이었다. 태열이라고도 했고 젖 먹일 때 있다가 젖 떼고 밥 먹기 시작하면 없어지는 것이었다. 그런데 요즘은 아니다. 초등학생들 20%가 아토피다.

나는 과거 난치병의 자연 치유에도 관심이 있어서 여러 곳을 찾아다닌 적이 있었다. 지리산에 가보니 아토피를 앓는 아이를 데리고 온 부모들이 많았다. 힘들어하는 아이들과 사투를 벌이며 피눈물을 흘리고 있었다. 일단 아토피가 생긴 경우 그렇게 무턱대고 산에 들어가 자연 치유를 한다고 낫는 것은 아니다. 하지만 부모로서 무슨 치료인들 안 해봤겠는가? 그렇게 부모들은 가끔씩 아이 문제 앞에서는 극단적인 선택을 하기도 한다.

아이들 수업이 안 될 정도로 교실 분위기가 이상해지는 경우도 있는데, 그것은 주의력결핍 과잉행동장애라고 하는 ADHD가 주원인이다. 과거에는 드물었는데 현재 초등학생 30%가 앓고 있고 점점 더 늘어나는 추세다. 각 시도 교육청에서 발달장애를 담당하는 상담 교사를 따로 두는 법안까지 만들었다.

불임 여성도 늘어나고 있다. 결혼하기도 힘든 세상이지만 결혼한 부부의 1/8이 불임이다. 각 나라가, 특히 우리나라는 저출산이 국가적인 재앙이라고 생각하고 국가에서 많은 정책을 내놓고 있지만 출산율은 점점 더 떨어지고 있다.

과거에는 불임의 원인이 여성인 경우가 많았지만 지금은 남성도 한몫을 차지한다. 남성의 정자 수가 과거에 비해 25%는 줄었다. 얼마 전《뉴스위크》는 남성의 정자 감소를 거론하며 심각한 경고를 했다. 정자 수 감소의 주된 원인이 환경호르몬 때문이라고 지적했다.

젊은 여성들의 생리 증후군도 급격하게 증가하고 있다. 무월경이 늘어나고 생리 전에 생활을 못할 정도의 통증을 동반하기도 한다.

요사이 암에 걸렸다고 하면 의사들은 이제 암은 완치되는 병이라고 안심시킨다. 맞는 이야기이다. 그런데 문제는 치료하는 암보다 암의 발생률이 더 높다는 데 있다.

전문가들은 이런 대부분의 현상을 환경호르몬이 원인이라고 한다.

그런데 나는 유방만 전공으로 30년 가까이 하다 보니 유방에 생기는 병도 변하는 것을 느낀다. 유방암이 증가하는 것은 그렇다 치고 유방에 이상한 염증이 많아졌다.

우리 몸의 일반적인 염증은 외부에서 세균이 들어오면 피부에 국소적인 전투가 일어나서 우리 몸이 방어한 결과물로 세균과 방어 물질의 시체가 생기는 것이다. 초기에는 항생제를 쓰거나 염증이 심하면 피부를 살짝 째서 배농시키면 그만이었다. 유방에 많이 생기는 염증은 젖 먹이는 동안 영양이 풍부한 젖에 아기의 입을 통해 들어간 균이 번식해서 염증을 만드는 것이 고작이었다. 염증이 심해도 1주일 정도만 고생하면 치료가 되는 간단한 병이었다.

그런데 내가 처음 유방의 이상한 염증을 본 것은 20년 전이었다. 지금까지 본 것과는 전혀 다른 염증이었다. 끈적한 것이 가득 차 있고 치료가 잘 되지 않았다. 항생제를 써도 듣지 않고, 째도 염증이 잘 나오지 않으면서 몇 달씩 지속되었다. 심지어 어떤 환자들은 열이 40도나 올라가고 관절이 아프고 피부에 발진이 생기기도 했다. 꼭 류마티스 증세와 비슷했다. 경과를 지켜보기 위해 입원을 시키고 스테로이드를 썼다. 염증이 몇 개월씩, 심지어 일 년을 넘기니까 장기적으로 쓴 스테로이드 부작용 때문에 환자들은 불편해하고 약을 끊으면 다시 재발하곤 했다.

나도 무슨 병인지 몰랐기 때문에 환자들한테 이 병을 설명할 수도 없고, 낫지도 않아서 결국 몇 명은 유방암이 아닌데도 유방을 전부 제거하는 수술을 권유했다. 지금은 그 환자들에게 미안한 마음이 들지만 그 당시는 아무도 이것이 무슨 병인지 몰랐다.

대학 병원은 유방암 위주의 병을 다루니까 이런 염증들은 개인 병원을 운영하는 내 몫이었다.

처음에는 염증 환자들이 일 년에 한두 명 정도니까 시간이 지나면 잊었는데, 해마다 이런 환자들이 늘어났다. 그래서 나름대로 치료 방법을 고민하기 시작했다. 왜 이런 염증들이 생기는 걸까? 그때 무심히 들어 넘겼던 모유에서 환경호르몬이 나온다는 말이 생각났다. 직감적으로 이것이 원인일지도 모르겠다는 생각이 들었다.

이 염증을 조직검사 하면 '특발성 육아종성 유방염Idiopathic Granulomatous Mastitis : IGM'이란 진단이 나온다. 'Idiopathic'이라는 단어는 모르겠다는 이야기다. 의학에서는 모르겠다는 진단이 많이 나온다. 단순히 무책임하게 모르겠다는 이야기가 아니라 모든 원인을 찾고 또 찾았는데 모르겠다는 말이다. 정확한 원인은 모르지만 추정하는 원인은 많다. 이런 병들은 추정하는 원인에 따라 치료 방법도 다양하다. 즉 확실한 한 가지 치료 방법은 없다는 이야기다.

이상한 염증의 원인으로 세균을 생각하고 항생제를 제시한 의사도 있고, 심지어 항암제를 권유한 의사도 있다. 치료가 잘 되지 않으니까 아예 유방의 많은 부분을 수술하라고 권하는 의사들이 가장 많다. 학회지에도 근본적인 치료 방법으로 유방의 많은 부분 절제 수술을 제시한다.

그래서 나도 치료를 하다가 환자나 의사가 서로 지치면 유방 수술을 시행했었다. 그중의 한 원인으로 '자가면역질환autoimmune disease'이라는 구절이 제일 마지막에 들어 있다. 자가면역질환이 원인인 병은 많다. 대표적으로는 아토피, 류마티스다.

의사들은 이런 농담을 한다. 의과대학 시험에서 어떤 난치병의 원인이 무엇이냐는 질문이 있을 때 잘 모르겠으면 자가면역질환이라고 얘기하면 대부분 맞을 것이라고. 그 정도로 자가면역질환은 애매한 부분이 많으면서 진단이 어려운 병이다.

우리 몸은 자기와 남을 구분하도록 되어 있다. 이를 '면역immunity'이라고 한다. 나와 다른 것이 들어오면 우리 몸은 들어온 것을 남으로 알고 거부한다. 이런 작용은 인간이 생존하는 데 아주 중요한 핵심 부분이다. 그런데 어떤 이유로 몸이 우리 몸의 일부분을 남으로 알고 거꾸로 우리 몸을 공격하고 거부하는 일이 생긴다. 이렇게 생기는 병을 자가면역질환이라고 한다.

자가면역질환 치료는 증상이 심하면 면역 기능을 줄이는 역할을 하는 스테로이드를 쓴다. 완치시키는 약은 아니다. 단지 심한 증세를 완화하는 약이다. 마약처럼 좋은 효능은 있지만 장기간 쓰면 입맛이 당기고 몸도 붓고 부작용이 심하다. 따라서 의사들은 이 처방에 주의를 요한다. 그런데 자가면역질환을 앓은 사람들은 시간이 지나면 자연스레 낫는 경우가 있기도 한다. 병의 원인도 모르지만 이런 자연 치유의 이유 또한 모른다. 나는 이 '자연 치유'에 주목했다.

이렇게 오래가고 이상한 유방 염증의 원인을 나는 자가면역질환이 분명한 것 같다고 추측했다(지금은 원인이 거의 자가면역질환이라고 생각한다). 그럼 부작용이 많은 스테로이드를 쓰지 말고 수술도 하지 말고 결과를 지켜보면 어떨까 생각했다. 유방 염증이 낫지 않고 치료의 끝이 보이지 않으니까 환자가 불안해하지만, 그 자체가 생명하고는 아무런 연관이 없기 때문에 환자를 안심시켜주면서 기다리자고 방침을 정했다.

그리고 그런 사례가 발표된 것이 있는지 논문을 살펴보았다. 한 군데 있었다. 2005년 중국 상하이에서 19명의 환자들을 대상으로 그냥 경과만 지켜보는 것으로 좋은 결과를 얻었다는 보고가 있었다. 중국에서조차 19명을 보고할 정도로 세계적으로 보고되는 환자 수가 극히 적은 병이었다.

그때부터 나는 항생제나 스테로이드를 쓰지 않고 관찰만 하는 치료를 하기 시작했다. 그리고 2008년 한국유방암학회에 과거 스테로이드를 쓰고 유방 절제까지 한 과정부터 현재 관찰만 하는 환자 38명의 치료 과정을 보고하게 되었다. 물론 그 이후 관찰만 하는 치료로 좋은 결과를 얻었다.

요즘은 이런 유방 염증이 많이 생기고 있다. 아주 폭발적으로 늘었다. 일 년에 수백 명은 족히 생기는 것 같다. 환자들에게 나는 약을 쓰지 않고 수술도 하지 않는다는 치료 방침을 얘기하고, 이 병은 오래 걸리지만 완치되니까 걱정하지 말라고 안심시키고 치료를 시작한다.

관찰한다고 그냥 지켜보기만 하는 것은 아니다. 2주일에 한 번 정도 병원을 방문하면 끈적끈적한 고름 부분들을 정리해주고 상태를 살펴본다. 그리고 병의 원인이 되는 환경호르몬과 관계된 음식물 교육을 더 열심히 한다. 어떤 경우는 음식물 교육만 해도 눈에 띄는 변화를 보이기도 한다.

이제는 이러한 유방 염증이 환경호르몬과 관계있는 병이라고 확신한다. 그러면서 나는 환경호르몬에 더욱 관심을 갖게 되었다.

환경호르몬

어느 순간부터 우리는 환경호르몬이라는 단어를 자주 듣게 되었다. 건강을 해치는 여러 가지 원인을 이야기하면 반드시 등장하는 것이 환경호르몬이다.

환경호르몬은 한 가지 물질이 아니고 여러 물질의 복합체이다. 지금 우리가 사용하는 편리한 생활용품 대부분이 석유화학 물질에서 추출했다. 환경호르몬이다. 제2차 세계대전이 끝나고 석유화학 부분의 산업이 발달하면서 현재까지 개발되고 사용된 물질은 10만 건을 넘는다. 현재도 매년 1,000건 이상의 물질이 개발되고 있다.

단일 제품으로 가장 많은 화학물질이 들어 있는 것은 담배이다. 담배의 해악으로 모두 니코틴을 얘기하지만 사실 담배 만들면서 들어간 7,000여 종의 유해 물질이 더 해롭다. 그래서 각 나라마다 담배에 대한 규제가 가장 엄격하다.

옛날 빽빽한 빨래 비누로 머리 감던 시절 거품이 많이 나오는 비누를 처음 접하는 순간 때가 저절로 빠질 것 같은 황홀감을 느낀 세대로서, 향이 좋은 샴푸를 경험하면서 또 다른 품위를 느꼈다. 때 묻은 컵에 물을 마시다가 반질하고 광나는 일회용 컵으로 커피를 마시는 순간도 잊을 수가 없다. 음식을 제대로 보관 못하던 시절에서 숨쉬는 재질로 만들었다는 기능성 보관 용기를 사용하면서 인간의 기술이 우리 생활을 참 편리하게 만들었다고 생각했다. 이렇게 생활의 편리성을 주는 모든 제품은 석유화학 물질을 매개로 만든 것들이다.

먹는 것 또한 많은 변화를 겪었다. 먹거리가 다양해지고 집에서 밥을 해먹기보다는 밖에서 먹는 빈도가 많아지면서 먹거리도 산업화되기 시작했다. 음식들은 점점 더 달고 짜고 맵게 변해갔다.

식품 회사들은 해마다 다양한 제품을 개발해냈다. 색깔 좋고, 보송보송하고 맛있고, 보존이 잘되는 등의 식품을 만들어내기 위해 들어가는 첨가물은 상상을 초월한다. 음식 첨가물의 위험성을 논하는 사람들 이야기를 들으면 겁이 날 정도다. 우리나라에서 안전한 식품첨가물로 허용된 종류만 600여 종이다.

숨 쉬는 공기 또한 많은 변화를 겪었다. 요사이 우리들이 경험하는 미세먼지 문제도 심각하다. 별 신경 쓰지 않고 밖에 다니던 시절이 엊그제인데 매일 미세먼지 정도를 점검하고 나가야 할 상황에 이르렀다. 입고 먹고 마시고 숨 쉬는 모든 조건이 악화되었고, 이것은 모두 환경호르몬과 관련이 있다.

한국이 막 산업화를 추진하던 1960년대에 세계의 환경론자들은 불길한 미래를 예견하고 경고를 쏟아냈다. 레이첼 카슨Rachel Carson이 『침묵의 봄Silent Spring』이란 저서에서 DDT의 해로움을 얘기한 것이 시작이었다.

나도 처음 이런 사실들을 접하고 보니 그냥 있어서는 큰일이라는 생각이 들었다. 문제가 되는 물건을 쓰면 안 된다는 생각도 했다. 극단적으로 현대의 물질문명을 거부해야 된다는 생각까지 했었다.

하지만 시간이 지나면서 보니 많은 사람이 환경호르몬의 문제점을 고민하고 현실적인 대안도 생각하고 있었다. 그냥 간단하게 모든 편리한 문명을 포기해야 한다는 단순 해법보다 훨씬 현실적이고 합리적인 대안들이 많았다.

각 나라 정부도 현대사회의 기반인 생활에 관련된 전반적인 안정성 모색을 그저 손을 놓고 있는 것은 아니었다. 모든 것을 연구하고 허용량을 정하고 그 결과를 끊임없이 모니터링하고 있었다. 환경호르몬은 자연에서 분해되지 않으면서 먹이사슬의 최상층인 인간의 지방에 축적되어 면역 체계를 교란시키고, 중추신경을 악화시키는 유해 물질로 규정했다.

환경호르몬의 심각성을 인식하고 2001년 스톡홀름 협약을 만들었다. 회원국은 한국을 포함해 169개국이며 위험한 환경호르몬 제조, 사용을 금지하고, 피치 못한 경우 줄이는 방안에서 폐기물의 적정 처리까지 의무화하고 있다.

이렇게 수십 년간 환경호르몬의 위험성을 알고, 대책을 세우는 노력을 꾸준히 하고 있지만 모든 상황이 점점 더 나빠진다는 보도가 줄을 잇고 있다.

그때까지 나는 의학적인 관점에서 나름 긍정적인 판단을 하고 있었다. 우리 몸의 건강은 항상성으로 유지된다. 육체적으로 주위 온도가 40도가 되든 영하 10도가 되든 항상 36.5도를 유지하고, 정신적으로 충격이 가해지면 며칠 끙끙 앓다가 이게 다 인생이지 하면서 툭툭 털고 일상으로 돌아오는 것이 육체적 · 정신적 건강이다. 열악한 외부 환경에 맞서는 인간의 이런 항상성 유지 능력은 대단하다. 이런 능력 때문에 인간이 이 지구상에서 지금까지 살아남아 진화한 것으로 이해한다. 37년 동안 의사 생활을 하면서 인간의 항상성 유지 능력을 경이롭게 생각하고 있다.

초기 외과 의사 시절 상처는 의사가 치유하는 것으로 알았다. 기다리지 못하고 자꾸 손을 대면서 치료를 했다. 이제는 그냥 지켜본다. 크게 해되지 않게 잔가지를 치면서 저절로 낫도록 도와준다. 상처는 의사가 치료하는 것이 아니라 치유되도록 관리하는 것이다. 몸이 스스로 치유될 수 있도록 도와주는 역할을 하는 것이 의사다. 지금 아무리 환경호르몬의 위해성을 경고해도 인간의 이런 놀라운 능력이 위기를 극복한다고 믿는다.

그런데도 이상한 병들이 더욱 증가하는 것은 뻔한 이유다. 환경호르몬이 우리 몸에 과다하게 들어오거나, 들어온 환경호르몬을 충분히 배출하지 못하기 때문이다. 즉 우리의 자정 능력을 벗어난 것이다.

또 다른 의문이 들었다. 우리가 지금 안전하다고 정한 허용량을 과연 믿을 수 있을까? 허용량은 과학적인 접근이 아니라 비즈니스적인 접근이란 생각도 들었다. 물건을 팔기 위한 안전한 기준 정도?

이렇게 생각한 이유는 각 국가마다 허용량이 약간씩 달랐다. 이상하지 않은가? 괜찮다면 어느 나라든 통일되게 괜찮아야 하지 않을까. 각 나라의 산업구조 등에 맞추어 기준이 다르다는 추론을 할 수 있는 사항이었다.

내가 생각하기에 각 국가에서 정한 허용량에는 두 가지 허점이 있다. 우선 정해둔 허용량이 과연 진짜로 안전할까 하는 문제이다. 여러 가지 실험상, 통계상 안전하다는 이야기이지 진짜 100% 안전하다는 이야기는 아니었다. 그러니까 어제까지 안전하다고 정한 것들이 시간이 지나서 위험하다고 발표하는 경우가 생겼다.

그리고 우리가 안전하다고 발표한 것은 한 가지 물질에 대해서만 그렇다. 하루에도 수백 종의 화학 첨가물과 접촉하는 우리들이 서로 연관된 위험성이 어느 정도인지 알 수 있는 방법은 없다. 과학적으로 증명이 불가능하지만 모든 질병이 더욱 증가하는 것은 허용량의 이런 맹점 때문이라고 추정할 수 있다.

환경호르몬이 왜 위험한가?

우리 주위 환경은 춥고, 덥고, 끊임없이 변하지만 인간은 항상 균형을 유지한다. 인간의 이런 항상성 유지에 호르몬이 작용하고 있다. 이렇게 우리 몸을 유지하는 호르몬은 수천 가지가 넘고 아직도 정확하게 역할을 모르는 호르몬들도 있다.

우리가 음식을 먹으면 소화를 시키고(인슐린), 흡수된 영양분으로 몸의 신진대사를 도와서 활발하게 활동하도록 만들며(갑상선호르몬), 어린아이에서 어른으로 성장하도록 몸집을 키우고(성장호르몬), 결혼해서 후손을 낳도록 한다(성호르몬). 위기가 닥치면 몸을 응급 상황에 맞게 긴장하도록 만들고(스테로이드), 긴장이 지나치면 편안히 쉬고 잠을 자도록 해준다(세로토닌, 멜라토닌).

우리 몸에는 호르몬이 붙는 수용체가 있다. 호르몬이 각각의 수용체에 붙으면 호르몬이 작용하게 된다. 환경호르몬은 우리 몸의 호르몬과 비슷한 구조를 가지고 있다. 우리 몸의 수용체는 진짜 호르몬과 환경호르몬을 구분하지 못한다. 환경호르몬이 붙으면 우리 몸은 환경호르몬의 작용을 받아서 이상한 병을 일으킨다.

분명 몸이 쉬도록 명령을 받았는데 환경호르몬의 방해로 쉬어도 계속 피곤하기도 하고, 몸의 수분이 많아서 배출하도록 명령을 받았는데 잘못된 정보로 수분 배출이 안 되어 몸이 자주 붓기도 하고, 잠을 자라고 명령을 받아서 푹 잤는데도 너무 피곤하고 계속 잠이 오기도 한다. 이런 증상들은 모두 환경호르몬의 영향일 가능성이 많다.

자연 속에 있는 모든 물질 중에 영원한 것은 없다. 대부분이 분해된다. 물질이 분해되는 과정을 얘기할 때 반으로 줄어드는 시간을 반감기半減期라고 한다. 그런데 환경호르몬의 대부분은 반감기가 상당히 길다. 그리고 주로 지방에 축적된다.

지구에서 인간은 최종 소비자이다. 생선, 고기 등 지방에 붙어 있는 환경호르몬은 최종 소비자인 인간 몸으로 들어온다. 그리고 인간의 지방에 축적되고 반감기가 길어서 평생을 가면서 조금씩 몸속에 환경호르몬을 내보내면서 사람에게 병을 일으킨다. 이것이 인간에게는 비극이다.

환경호르몬 피하기

유방암의 급격한 증가가 서구식 생활 습관으로 변했기 때문이라고 생각했다가 환경호르몬이 원인이라고 생각하자 방법은 하나밖에 없었다. 환경호르몬이 들어 있는 제품을 피하는 생활 습관을 익히는 것이다.

나는 우선 샴푸나 세안제 사용을 끊었다. 다른 편리한 생활용품들도 성분을 따져서 구입했다. 일일이 따지면서 생활하다 보니 생각보다 환경호르몬이 우리 생활 속 필수품에 많이 들어와 있었다. 하지만 관심만 갖는 것만으로도 사용을 충분히 줄일 수 있었다. 일반보다 비용은 비쌌지만 건강을 위해 지불해야 하는 비용으로 생각했다. 먹거리는 유기농만을 고집했다. 집 안에 공기청정기를 두고 미세먼지에 신경 썼다. 사람들에게 건강한 먹거리 교육도 하고 직접 건강한 떡을 만들어 파는 가게를 열었다가 망하기도 했다.

그러면서 7년 전 내 식생활에 큰 변화를 가져왔다. 채식 위주의 식단으로 바뀐 것이다. 베지테리언Vegetarian(채식주의자)에는 여러 종류가 있다. 분류도 복잡하다. 영양소의 파괴를 생각해서 날것만 먹기도 하고, 과일 채소만 먹는 방법도 있고, 우유 치즈 같은 유제품은 먹지만 고기는 먹지 않는 부류도 있다. 그중에서 나는 고기를 포함해서 생선, 유제품조차 먹지 않는 가장 강도 높은 비건vegan(완전 채식)을 선택했다. 하는 김에 제대로 해보자는 의도였다.

채식주의자가 된 논리적인 근거는 이렇다. 환경호르몬은 가축, 생선, 유제품의 지방에 축적된다. 유기농을 먹어도 어느 정도 환경호르몬 섭취를 줄일 수는 있지만 근본적인 해결책은 환경호르몬이 붙어 있는 지방의 섭취를 줄이는 길, 채식밖에 답이 없다고 생각했다.

그렇게 채식을 하자 내 몸에 놀라운 변화가 생기기 시작했다. 나는 원래 건강 체질이다. 하루 종일 환자를 보고 저녁 무렵 밀린 간단한 수술을 하고 저녁 시간에 사회 활동을 밤늦게까지 해도 피곤하다는 느낌을 받은 적이 없었다. 50대 중반까지도 먹는 약이 없었다. 다만 먹는 것을 좋아해서 체중이 많이 나갔다. 95Kg 정도였다. 고기를 좋아했고 한자리에서 5인분은 거뜬히 먹었다.

그런데 현미채식을 하면서 몸무게가 쭉쭉 빠졌다. 특별한 운동은 전혀 하지 않았다. 원래 걷는 것을 좋아해서 차를 두고 자주 걷는 것 이외에 등산을 하거나 헬스장에 가거나 한 적은 없었다. 단순히 채식만 했는데 살이 그렇게 빠진 것이다.

살이 빠진 것이 중요한 것이 아니라 50대 중반이 넘어가면서 이유를 모르고 쉽게 피곤해지던 현상이 없어졌다. 몸이 가볍고 개운해졌다. 내 생활이 육체적인 활동을 하는 것이 아니기 때문에 채식을 해도 힘이 부친다는 느낌을 받은 적은 없었다. 지구력은 오히려 늘었다.

지금도 현미채식 위주의 음식을 하고 있다. 한참 때보다 체중은 25kg 빠졌고 현재도 그대로 유지되고 있다.

흔히 다이어트를 하려는 사람들이 주저하는 이유는 두 가지다. 배고프지 않을까? 음식이 맛없지 않을까? 나는 이 두 가지를 극복하고 다이어트를 하는 것으로 목표를 잡았다.

맛있고, 배부르게 먹기!

아직도 많은 양을 먹는다. 일반인의 두 배 정도 먹는다. 맛있고 건강하게 잘 먹기 위한 것이 직접 요리를 하게 된 동기다.

그렇게 먹고 어떻게 건강을 유지하고 살이 빠지느냐? 아주 간단하다. 건강한 식재료로 요리를 제대로 해서 먹으면 된다. 환경호르몬을 피하고 열량을 생각한다면 채식이 답이다. 많이 먹어도 괜찮다. 나는 밥을 먹을 때 밥그릇이 아니라 큰 양푼에 먹는다. 물론 채소가 많다.

사람들은 발효 식품에 관심이 많다. 우리나라 김치, 된장을 세계적인 식품으로 알고 있지만 세계 모든 나라가 오랜 역사 동안 그 지역의 독특한 발효 식품을 만들어왔다. 음식 맛을 풍부하게 하고 다양한 미생물을 포함하고 있어서 요리에서는 없어서는 안 될 재료다.

그런데 발효 식품에 대한 과신이 지나치면 안 된다. 무슨 발효액이 좋다는 보도가 나오면 유행처럼 번진다. 특히 암을 앓고 있는 사람들은 이런 소문에 약하다. 어떤 발효 엑기스나 식품이 건강에 만

능 해결책은 아니다. 이런 건강식품들은 상업적인 측면이 강하다고 이해하면 된다.

발효액에 대한 나의 원칙은 단순하다. 건강한 채소를 맛있게 많이 먹기 위해 발효액을 조금만 사용한다. 그리고 요리는 간단하게 한다. 기름에 볶고, 양념에 무치고, 굽고, 튀기는 과정이 없다.

채식을 한다고 얘기하면 많은 사람이 궁금해하며 물어본다. 고기를 먹지 않으면 문제가 되지 않느냐고. 무슨 재미로 사는지 모르겠다고. 결론적으로 내가 공부한 바로도 채식만 한다 해도 영양학적으로 전혀 문제는 없다. 채식 위주의 식사 재미에 빠지면 또 다른 세계를 경험하게 된다.

많은 논란이 있는 채식이 좋으냐 아니냐는 논점에서 빼겠다. 여기서 얘기할 주제는 아니다. 내 경험으로는 채식만 해도 사람이 사는 데 아무 문제가 없다는 것만 말씀드리고 여기에선 더 중요한 이야기를 하겠다.

환경호르몬 문제만 본다면 채식이 유일한 답이다. 건강한 먹거리를 챙기기 위해서 가장 기본적인 요소는 건강한 식재료를 구해야 한다. 제철 재료로 음식을 해 먹는 것이 가장 기본이다.

자연히 철따라 온갖 인맥을 동원해서 각지의 건강한 음식 재료를 모으는 것이 보통 일이 아니었다. 돈도 들고 노력도 많이 든다. 나름대로 여러 가지 재미도 느꼈지만 아무나 할 수 있는 일은 아니란 결론을 내렸다.

그다음 방법은 자기가 직접 농사를 짓는 일이다. 중년이 지나면 도시 근교에 조그만 땅을 가지고 주말에는 농사지으며 소일하는 것이 많은 남자들의 꿈이다. 나도 그런 대열에 동참했다. 대구에서 30분 거리에 땅을 구했다. 같이 땅을 구입한 사람들이 있어서 공동으로 농사를 시작했다.

도시인 누구나가 자신이 농사를 짓게 된다면 건강한 농사를 할 것이라고 꿈꾼다. 적게 먹어도 괜찮다고 약도 치지 않고 비료도 주지 않는 농사를 시작한다. 그런데 농사는 그리 만만한 게 아니었다. 그냥 씨만 뿌리고 던져만 놓으면 자랄 줄 알았는데 많은 손이 가야 건강한 농산물로 자란다는 사실을 얼마 지나지 않아 깨달았다.

환경호르몬 배출

환경호르몬 섭취를 줄이는 생활 습관에 관심을 가지고 살펴보다가 이것만이 해결책은 아니란 생각이 들었다.

눈만 뜨면 무엇이 이상하다는 보도가 줄을 이었다. 비스페놀 A가 문제가 되니까 일회용 컵을 쓰지 말자는 보도가 나왔다. 일회용 밀폐용기의 문제점도 대두됐다. 오늘은 우리 몸에 햄이 안 좋다고 나왔다가, 내일은 수입 모차렐라 치즈가 해롭다는 보도가 나왔다. 달걀 파동이 나서 먹어야 할지 말아야 할지 혼란스럽기도 했다. 물티슈, 기저귀, 생리대는 안전할 줄 알았는데 이 또한 문제라고 한다. 아이들 장난감이 전부 환경호르몬 덩어리라고 아이들이 입에 넣고 빨지 못하게 하라는 등 온통 주의 사항뿐이다. 하루 종일 아이 뒤를 따라다니며 감독할 수도 없고 불안하다. 안전하다고 사용했던 가습기 살균제가 뒤늦게 문제가 되어 피해자가 속출하고 있다는 보도도 있었지만 아직까지 해결의 기미는 없다. 학교 운동장 우레탄 트랙에서 유해 환경호르몬이 나왔다고 전부 걷어냈다. 태평양 심해에서 환경호르몬이 나온다는 충격적인 보도도 있었다. 미세먼지는 일 년 내내 우리를 위협한다. 유기농이란 농산물조차 믿을 수 없다는 보고까지 나왔다.

도대체 무얼 어떡해야 하는지 불안하기만 하다.

내가 채식으로 좋은 경험을 하고 그 경험을 함께 나누자고 아무리 떠들어도 사람들은 쉽게 변하지 않았다. 내가 환경호르몬을 피하자고 이야기하지만 나처럼 이런 농산물을 구할 수 있는 사람이 몇 명이나 될까 생각하니 간단한 일은 아니었다. 북극이나 태평양 심해에서도 환경호르몬이 나오는 세상에서 내가 아무리 지리산 골짜기에서 재료를 구한다 해도 그것이 확실히 건강한 재료냐 했을 때 그것 또한 확실하게 장담할 수 있는 상황은 아니었다.

최근 들어 유방암 발병이 더욱 늘어났다. 이 추세라면 현재보다 2.5배 수준은 더 생길 것이라고들 얘기한다. 특히 젊은 사람들의 유방암이 많이 늘어나고 있다.

몇 년 전 19세 새내기 여대생이 병원에 왔다. 입학할 때부터 유방에 조그만 혹이 있었는데 몇 달이 지나자 조금씩 커진다고 걱정을 했다. 어린 나이에 별 문제가 있겠느냐고 웃으며 검진을 시작했다.

초음파를 유방에 갖다 대는 순간 아찔했다. 다음 날 조직검사 결과는 역시 암이었다. 차마 암이란 이야기를 할 수가 없었다. 눈치를 챈 어머니는 눈물을 흘렸다. 오히려 아이가 유방암이냐고 담담하게 물었다. 그렇다고 대답했다. 유두가 가까워 한쪽 유방을 다 들어내야 하고, 머리카락이 빠지는 항암제를 사용한다고 얘기해도 아이는 담담했다. 내가 오히려 아이 눈을 맞출 수가 없었다.

수술을 하고 항암 치료가 시작되었다. 어머니가 나를 찾아왔다. 아이한테 학교를 휴학하라고 한마디만 해달라고 부탁했다. 치료의 힘든 과정에서도 수업을 듣고 학기말 시험을 친다고 고집을 피운단다. 아이를 불렀다. 얘기를 들어보니 아이는 암을 그렇게 심각하게 생각하고 있지 않았다. 죽는 것도 아니므로 치료하면서 열심히 공부하겠다고 다짐하는 해맑은 얼굴을 보니 내가 눈물이 났다. 어머니에게 아이가 원하는 대로 하는 것이 좋겠다고 조언했다. 그렇게 치료가 끝이 났다.

아이는 여전히 학교를 열심히 다니고 공부를 잘하고 있었다. 수술하고 2년이 지난 어느 날 어머니에게서 전화가 왔다. 학교 가는 길에 쓰러져 병원에 갔는데 암이 뇌에 전이가 되었다고 한다. 상태를 알아보니 절망적이었다. 아이는 또다시 힘든 항암제 치료를 시작했지만 몇 달 버티지 못하고 세상을 떠났다.

시간이 좀 지나고 어머니를 만날 수 있었다. 아직 아이는 엄마 가슴속에 있었다. 투병하는 동안 좀 편안하게 해주었으면 좋았을 텐데, 항암제 치료 중에 힘들게 공부하는 것을 말리지 못한 것이 못내 마음에 걸린다고 했다.

얼마 전에는 17세 고등학교 2학년생이 병원을 찾았다. 다른 환자들을 보고 있는데 대기실에서 깔깔거리고 웃는 소리가 들렸다. 자기

차례가 되어 엄마와 같이 들어왔기에 내가 물었다.

"뭐가 그렇게 재미있니?"

"사는 게 다 재미있잖아요."

"자, 한번 볼까?"

진찰을 하는 순간 놀라서 기겁을 했다. 만지기만 해도 암이 확실했다.

이렇게 내 딸과 비슷한 나이의 환자가 오면 나부터 가슴이 저리다. 그 나이는 얼마나 철이 없고 또한 꿈에 부푼 청춘이란 것을 알기 때문이다. 그냥 사는 게 재미있고 공부만 하고 싶은 어린애인데 도대체 무엇이 잘못되었단 말인가?

전에는 이런 일이 없었다.

어떻게 하면 좋을까?

유방암 환자들은 왜 자기가 병에 걸렸는지 매우 궁금해한다. 아기에게 젖도 먹였고, 가족 중에 유방암 환자도 없고, 고기는 입에 대지도 않았다면서.

유방암의 원인은 복합적이다. 어느 한 가지 잘못으로 생기지는 않는다. 하지만 환경적인 요인을 무시할 수는 없다. 환경호르몬을 생각했을 때 섭취를 줄이는 것에는 한계가 있고, 또한 환경호르몬 섭취를 줄인다고 유방암이 줄어들 것이라는 확신도 없고.

한동안 딜레마에 빠졌다. 그러다가 번개같이 머리를 스치는 생각이 있었다. 섭취를 줄이는 데 한계가 있으면 환경호르몬 배출에 신경을 쓰면 되지 않을까?

우리 몸에 들어와서 지방에 붙어 있는 환경호르몬의 경로와 역할을 찾아봤다. 환경호르몬은 우리 몸의 지방에 붙어 있다가 콜레스테롤 등에 붙어서 우리 몸속을 돌아다니면서 여러 가지 해를 끼친다.

우리 몸의 소화 과정을 보면 음식의 주성분은 탄수화물, 단백질, 지방이다. 입으로 들어온 음식이 위장에서 잘게 부서지면 탄수화물, 단백질은 작은창자(소장)의 소화효소에 의해 쉽게 분해되어 영양분으로 이용된다. 그런데 지방은 물과 섞이지 않으므로 우리 몸에 그냥 흡수가 되지 않는다. 지방을 소화시키기 위해 쓸개의 담즙이 분비돼야 한다. 작은창자에서 지방 성분을 물에 녹게 잘게 부수는 중개 역할을 담즙이 담당하기 때문이다. 그리고 지방의 영양분은 소장에서 흡수된다. 담즙의 주성분은 콜레스테롤이고 환경호르몬도 여기에 붙어서 같이 나오게 된다.

흔히 콜레스테롤은 우리 몸에 해로운 물질로 알고 있지만 많이 있을 경우에만 혈관에 문제를 일으키는 것이다. 콜레스테롤은 우리 몸에 아주 중요한 호르몬을 만드는 재료로 쓰인다. 그러므로 지방을 소화시키기 위해 나온 담즙 속 콜레스테롤의 80%는 작은창자 끝에서 다시 간으로 재흡수된다. 우리 몸에서는 아주 중요한 과정이다.

그런데 이때 환경호르몬도 콜레스테롤에 붙어서 같이 간으로 재흡수된다.

하지만 식이섬유가 같이 장에 들어간 경우 콜레스테롤만 우리 몸으로 재흡수되고 환경호르몬은 식이섬유에 흡착되어 변으로 나온다.

이런 간단한 방법이?

즉, 환경호르몬 배출에도 식이섬유, 바로 채식이 답이다.

꿀팁 하나

환경호르몬 섭취나 배출에도 채식이 답이다.

그러면 이런 이론에 근거한 좋은 식사 방법을 제시한다.

대부분 사람들이 아침은 꼭 챙겨 먹어야 한다고 알고 있다. 그래서 배가 고프지 않는데도 주스 한 잔을 마시거나 편의점에서 삼각 김밥이나 샌드위치라도 먹는 경우가 많다. 저녁 늦게까지 술을 마셨으니까 아침에는 야채 주스라도 마셔야 건강을 챙긴다고 알고 있다.

하지만 환경호르몬 배출 의미에서 보면 저녁을 먹고 나서 아침까지 공복 시간은 길수록 좋다. 공복이 길수록 담낭에서는 아침에 소화를 시키기 위해 환경호르몬이 붙어 있는 담즙이 많이 모이게 된다. 그리고 아침이나 점심 때 건강한 식이섬유가 많이 들어간 채소에 생들기름이나 엑스트라버진 올리브 오일을 듬뿍 쳐 먹으면, 기름을 소화시키기 위해 모아둔 담즙이 일시에 많이 나오게 된다. 환경호르몬도 같이. 그리고 소화를 다 시킨 담즙 속의 콜레스테롤은 작은창자 끝에서 재흡수되고 환경호르몬은 식이섬유에 붙어서 대변으로 나오게 된다.

아침, 점심을 제대로 먹기 힘든 경우는 가능하면 공복 시간을 늘렸다가 저녁을 제대로 된 채식 메뉴로 먹어야 한다.

그런데 만약 밤늦게까지 기름진 간식을 조금씩 먹으면 담즙은 조금씩 흘러나오고 아침에 채소를 많이 먹어도 나올 담즙이 부족하게 된다. 효과 없는 채식이다.

벌레 이야기

한옥으로 된 병원을 짓고, 병원 뒤쪽에는 차를 마시고 빵을 굽는 공간을 따로 만들었다. 먹거리에 대한 관심 때문이었다. 남는 마당의 여러 공간들은 정원으로 꾸몄다. 하지만 나는 정원에 대해 아는 것보다 모르는 것이 많았다. 내가 모르는 것은 그 분야의 전문가에게 맡기면 되지 않을까. 이것은 환자를 보면서 터득한 생각이다.

어떤 병을 치료하는데 한마디로 설명하기 어려운 경우가 많다. 병에 대한 치료의 접근도 한 가지가 아니라 아주 다양하기 때문이다. 의사들도 자기 전공 분야가 아니면 이해 못할 정도로 치료 방법이 자주 바뀌고 다양해져 어렵다.

의사의 역할은 전문적인 지식과 경험을 바탕으로 여러 가지 장단점을 따져서 환자들에게 합리적인 치료 방법을 권유하는 것이다. 따라서 단순하게 판단하고 의료진을 전적으로 믿는 사람은 치료 결과가 좋다.

"알아서 해주세요."

물론 믿을 만한 의료진을 어떻게 찾느냐는 별개의 문제다.

오늘도 많은 사람이 명의를 찾아 헤맨다. 막연히 시골보다는 대도시, 대도시보다는 서울, 동네보다는 대학 병원의 의사, 이름 없는 의사보다 신문이나 방송에 이름을 올린 의사를 선호한다. 주위 사람들의 소문에 귀 기울이고 아는 의사 소개로 병원을 선택하기도 한다.

하지만 의사 입장에서 보면 남들이 모르는 비법을 가지고 용하게 병을 치료하는 명의는 없다. 많은 이들에게 알려진 명의가 중요한 것이 아니라 자기한테 맞는 의사를 찾는 것이 좋다. 몇 가지 기준을 정하고 병원을 찾으면 누구나 자기 병을 고칠 명의를 만날 수 있다. 병은 사람마다 생기는 원인과 치료가 다르다. 그렇다면 전문가인 의사가 병 진단에 진지하게 접근하고 다양한 치료법을 생각하면 치료 결과는 차이가 날 수 있다고 나는 믿는다.

그렇게 봤을 때 환자에게 권유하는 병원 이용 방법은,

첫째, 우선 동네 의원을 이용하라. 3시간 대기 3분 진료가 많이 나아졌지만 대학 병원은 여전히 복잡하고 불편하다. 과거와 달리 우수한 장비를 갖추고 대학 병원 급의 실력을 갖춘 개업의들이 많다. 해당 분야 논문도 발표하고 학회 활동도 열심히 하는지 알아보면 된다. 인간적으로나 실력으로나 일단 믿음이 가면 그냥 맡겨라. 당신만 믿는다는 환자의 한마디가 의사에게는 힘을 주는 동시에 상당한 부담도 준다. 의사는 밤새워 최선의 치료를 고민할 것이다. 의사 자신이 모르는 부분이 있으면 스스로 좋은 병원을 소개할 것이다. 의료는 한 가지 답이 있는 것이 아니다. 비전문가가 인터넷을 뒤지고 비슷한 병을 앓은 이웃에게 귀동냥한다고 쉽게 알 수 있는 것도 아니다. 그냥 믿음이

가는 의사에게 맡겨라. 본인이 고민하지 마라.

둘째, 많은 대안을 제시하고 모르는 부분은 인정하는 의사를 택하라. 흔히 의사가 여러 가지 대안을 얘기해주면 환자들이 혼란스러워하고 오히려 못 미더워한다. 하지만 의료는 끊임없는 선택의 연속이다. 많은 치료 방법이 있고 환자에 따라 어떤 치료를 할 것인가를 진지하게 상의하는 의사를 택하라. 의문이 있으면 다른 의사에게 2차 의견을 구하는 것도 한 방법이다. 솔직히 모른다고 고백하는 의사는 신뢰할 수 있다. 의사가 모름을 인정하는 일이 쉽지 않기 때문이다.

의사와 환자의 관계는 일방적이어선 안 된다. 우선은 믿음이 가는 의사에게 맡겨라. 그리고 자기가 구한 정보를 솔직히 상의하라. 서로 신뢰하는 관계에서 자문을 구한다면 누구나 최선의 방법을 얻을 수 있다. 명의는 멀리 있지 않다. 바로 여러분 가까이 있고 누구나 구할 수 있다.

'나도 배울 만큼 배운 사람인데'를 내세우는 사람들이 가장 힘들다. 그들은 우선 의료진 선택을 의심하고, 그리고 자기가 아는 의학지식 속에서 끊임없이 갈등한다. 이런 경우 병원을 자주 옮기기도 하고, 시간을 낭비하고 잘못된 선택을 하는 경우도 많다. 우리가 안다는 것이 꼭 알아야 할 것을 방해할 수도 있다는 말이 실감된다.

나는 아이들을 키우면서도 항상 이 원칙을 얘기한다. 혼자 밤새도록 인터넷 뒤지면서 시간과 힘을 빼지 말고, 세상의 정보는 항상 최고급으로 구해라. 그런 정보는 꼭 대가를 지불해라.

마당이 있는 병원을 짓자 나는 전혀 관심이 없었던 정원에 대해 알아야겠다는 생각이 들었다.

서점에 가서 정원 관련 책을 뒤적거리다 『정원 소요』라는 책이 손에 잡혔다. 아주 독특한 책이었다. 현직으로 방송국 고위직에 있으면서 수년간에 걸쳐 태안반도의 천리포 수목원을 100번이나 다니면서 수목원의 사계를 기록해놓은 책이다. 정성도 놀라웠고 꽃을 보는 독특한 시각이 마음에 들었다.

책을 10권 사서 주위에 돌리고, 내가 정원에 관심을 가지게 된 동기와 이런 책이 나오기까지 그 정성에 감사하다는 편지를 저자에게 보냈다.

곧 답장이 왔다. 그렇게 알게 된 저자와 친구가 되었다. 저자의 안내로 천리포 수목원에 같이 다녀오기도 했다. 그러면서 조심스럽게 내 정원 얘기를 했더니 흔쾌히 조언을 해주었다. 우리가 흔히 아는 그런 정형화된 형태가 아니라 내가 바라던 대로의 옛날 우리 마당에 있던 형태의 자연스러운 나무 배치를 알려주었다.

유방암 환자들을 상담하면서 처음에는 일방적으로 유방암에 대한 의학적인 정보만 얘기해주었다. 갑작스럽게 큰 충격에 빠진 환자들은 내 이야기가 귀에 들어오지 않는다. 그런 땐 한자 혼자 정리하는 시간이 필요하겠다는 생각이 들었다. 그래서 한옥 병원 구석에 정원을 내다볼 수 있는 자리를 만들었다.

그런데 사람에 따라 자기가 기억하고 있는 꽃들이 다름을 알았다. 과거 우리들 어린 시절에는 대부분이 마당 있는 집에서 자랐다. 마당에는 작은 꽃밭이 있었고 채송화, 맨드라미, 나팔꽃, 과꽃, 달리아, 국화, 장미, 봉숭아가 있었다. 우리 병원 마당에는 현대의 화려한 꽃보다 이런 꽃들을 심고자 했다. 무심코 정원에서 어릴 적 보던 꽃을 발견하고, 아련한 추억을 떠올리는 것이 백 마디 말보다 힐링에 도움이 된다고 생각했다. 누군가는 맨드라미 꽃을 보고 하염없이 눈물을 흘리는 경우도 있었다.

나무 전문가도 나의 이런 의견에 흔쾌히 동감해주었다. 정원은 그렇게 최고 전문가의 도움을 받아 해결했다.

건강한 음식 재료에 관심이 가고 요리를 연구하게 되면서 꽃밭은 텃밭으로 변해갔다. 근교 농촌에 농사지을 땅은 있었지만 매일 쉽게 갈 수 있는 거리가 아니어서 점차 병원 뒤쪽 텃밭의 비중을 늘려갔다.

어느 가을에 배추 모종을 심었다. 다음 날 아침에 나갔더니 떡잎 정도만 있던 어린 싹이 깡그리 없어졌다.

망연자실. 이 어린것을 누가 이렇게…… 씩씩거리고 있는데 통통한 메뚜기 한 마리가 아무것도 모르고 폴짝 뛰는 것이 보였다. 순간 메뚜기를 사정없이 잡아채서 땅에 패대기치고 밟아 죽였다. 엄청난 살기였다.

시간이 지나자 후회가 밀려왔다. 나름 수양하며 화내지 말고 살자고 그렇게 결심해놓고, 메뚜기가 무슨 잘못이 있다고. 몇 천 원도 안 하는 배추 때문에 엄청난 살기를 느끼다니. 나 자신도 돌발적인 내 행동에 놀랐다.

그런데 메뚜기는 아무것도 아니었다. 채소 잎을 먹는 벌레는 모든 것을 깡그리 먹어치웠다. 처음에는 벌레를 방치했었다. 아무런 자극이 없는 것보다 벌레로 인해 파이토케미컬phytochemical이 생긴 채소를 먹는 것이 내 건강에는 좋다고 생각했기 때문에 조금은 먹도록 그냥 두었다.

문제는 벌레가 어떤 채소는 전혀 먹지 않거나 조금만 먹지만 어떤 채소는 아무것도 남기지 않고 깡그리 먹어치운다는 데 있었다. 왜 그런 차이가 나는지 자료를 찾아보았다. 벌레가 깡그리 먹는 채소 이름을 적고 식물 분류표에 넣어보니 공통점이 있었다.

식이섬유

식물의 분류는 문-군-목-과로 나눈다. 벌레가 깡그리 먹는 채소는 전부 십자화과에 들어 있었다. 배추, 케일, 무, 브로콜리, 양배추 등 우리가 많이 먹는 채소가 전부 여기에 속한다.

세상의 모든 동식물은 주위와의 경쟁에서 살아남아야 한다. 동물은 위험이 닥치면 심한 냄새를 풍기거나, 그 자리에서 도망가거나, 거꾸로 공격을 하면 된다. 그런데 식물은 움직일 수가 없다. 움직일 수 없는 나무는 가시를 가지거나 껍질을 아주 딱딱하고 맛없게 만들어 버린다.

약한 풀이나 채소들은 독소를 내는 방법밖에 없다. 파이토케미컬phytochemical이다. 파이토케미컬이란? phyto(식물)가 chemical(화학물질)을 낸다는 뜻이다. 요사이 파이토케미컬이 주목을 받고 있다. 파이토케미컬은 면역체계를 강화하고, 암세포 성장을 늦추고, 세포 노화를 지연시키는 등 획기적인 기능을 가지고 있다고 밝혀졌기 때문이다.

그래서 다양한 색깔을 띠는 식물은 저마다 다른 물질을 내니까 건강을 위해서 다섯 가지 색의 채소를 즐기라고 많은 전문가가 권고

하는 것이다. 파이토케미컬은 1,000여 종류가 넘게 있고 대표적으로는 빨간 토마토에 있는 라이코펜, 흰 마늘에 있는 알리신, 노란 당근에 있는 베타카로틴, 보라색 아로니아에 있는 안토시아닌 등이 있다.

식물이 내는 화학물질은 위험으로부터 자기 자신을 보호하기도 하지만, 주위에 있는 자기 동료들에게 위험하다는 정보를 전달하기도 한다. 풀밭에서 소가 풀을 뜯으면 주위의 풀들에게도 위험 정보가 전해진다. 그러면 몇 시간 내에 주위의 풀들은 같은 독성 화학물질을 내게 된다. 쌉쌀한 맛 때문에 소는 다른 풀밭으로 옮겨간다. 소가 풀밭을 옮겨 다니는 이유는 풀의 이런 변화 때문이라는 주장도 있다.

이때 나오는 화학물질은 쌉쌀한 맛을 낸다. 대표적인 파이토케미컬인 글루코시놀레이트Glucosinolates라는 물질이 함유한 황 성분 때문에 이런 맛이 난다. 우리들이 벌레 먹은 채소나 과일 등을 먹어보면 벌레 먹은 주위가 딱딱하고 싸한 느낌이 나는 것도 바로 그것 때문이다. 앞으로 얘기할 핵심적인 부분이 이것이다. 아주 중요하다.

식물과 벌레 사이에는 지구 태생부터 지금까지 끊임없이 군비 경쟁을 하면서 벌레가 먹으면 식물이 방어하고, 그러면 벌레는 또 다른 물질로 식물을 공격하는 패턴을 반복해왔다. 십자화과에 속한 많은 채소들 또한 벌레와 이런 과정을 거치면서 진화해왔다.

십자화과 식물과 경쟁한 주 애벌레가 배추흰나비 애벌레다. 처음에는 십자화과 식물이 내는 독성 물질을 먹고 애벌레들이 죽었다. 그런데 점차 이 독소를 이기는 소화기관을 가진 배추흰나비 애벌레들이 나타나기 시작했다. 지금도 이런 경쟁에서 배추흰나비 애벌레가 우위에 있다. 그래서 십자화과 식물 잎을 깡그리 먹어버린다. 양심상 사람들을 위해 조금이라도 남겨놓지 않는다.

이 현상이 유기농을 하는 농민들에게 상당한 딜레마를 준다. 잎이 나기 시작하면 약을 칠 것인가. 이상하게 뒤틀어진 모양의 농산물을 그대로 시장에 내어놓을 것인가.

백화점이나 대형 매장에 가면 신선하고 보기 좋은 엄청난 크기의 채소를 일 년 내내 볼 수 있다. 수경 재배나 실내에서 LED 빛을 쪼이면서 키운 것들이 대부분이다. 부드럽고, 깨끗하고, 엄청나게 크다.

환경호르몬 섭취를 줄이고 배출을 늘리기에 유일한 방법은 채식이 답이라는 결론에 도달하고 나는 엄청난 양의 채소를 먹기 시작했다. 유기농으로 깨끗하게 키운 채소를 많이 먹으면서 나는 매우 만족했다.

그런데 텃밭에서 자연적으로 채소를 키우면서 의문이 들었다.

상추가 일 년생이라고 하지만 노지에서 키워보면 겨울에 영하의 날씨가 되면 잎은 얼어서 전부 죽는다. 그런데 겨울 중간 중간 날씨가 풀리면 살아 있는 뿌리에서 상추 잎이 올라온다. 비닐하우스에서 키우는 상추는 잎이 부드럽지만 노지에서 키우는 상추는 잎이 굉장히 억세다.

채소는 다 똑같은 채소일까? 환경호르몬 배출에 좋은 파이토케미컬은 모든 채소가 전부 똑같은 양을 가지고 있을까? 채소도 제철이 있는데 사시사철 똑같이 보이는 채소는 성분도 똑같을까?

아니었다.

동식물은 지구상에서 살아남고 자손을 퍼뜨리기 위해 치열하게 경쟁한다. 식물들은 다른 나무들과 햇빛을 두고 키 경쟁을 해야 하고, 수정을 위해 벌, 나비를 두고 경쟁해야 한다. 식물은 철마다 피는 꽃이 다르다. 자기가 자손을 퍼뜨리기에 가장 좋은 계절을 택하기 위해서다. 키도 크고 꽃도 예쁘고 향기도 좋은 꽃은 다른 꽃과 경쟁할 이유가 없다. 자기 원하는 대로 피면 수정이 된다. 키도 작고, 예쁘지도 않고, 향기도 별로 없는 꽃을 가진 식물은 다른 식물과 계절을 달리하는 전략을 택한다. 겨울이 채 가시기 전에 눈을 뚫고 작은 꽃을 피우는 종류도 있고 다른 꽃들이 전부 시들어가는 늦은 가을에 피는 꽃들도 있다. 수억 년 동안 지내오면서 자기한테 맞는 시기를 선택해서 피고 진다.

채소도 마찬가지다. 철따라 나오는 채소는 전부 종류가 다르다. 자기만의 생존 전략이다. 봄에 올라오는 부추는 아주 강한 향을 지니고 있고, 무는 가을무라는 말이 있듯이 김장철 나는 무가 제대로 무맛을 낸다. 채소는 저마다 나름의 색깔과 영양분을 지닌다.

하지만 요즘에는 사시사철 똑같은 채소가 나온다. 과일도 철이 따로 없다. 봄에 딸기가 나고 여름에 수박이 나오며 가을에 사과가 나오는 공식은 이미 무너져버렸다. 소비자들은 당연히 겨울에도 딸기를 찾는다. 그러면 농민들은 어떻게 채소를 키워야 할까?

전도재배가 있다. 빛의 양을 달리해서 채소의 성장을 조절하는 방법이다. 예를 들면 들깨는 잎만 따먹다가 가을에 씨가 맺히면 가루나 기름을 먹는다. 상업적인 들깨는 깻잎 먹는 것이 주목적이라 늦봄에 씨를 뿌려 여름 내내 잎을 따먹는다. 하지를 지나 해가 점점 짧아지면 들깨는 꽃을 피우고 씨를 만든다. 그래서 하지가 지나면 밤에도 불을 몇 시간 비춰준다. 꽃을 안 피게 해서 잎만 계속 딸 수 있도록 조정하는 것이다.

상추는 비닐하우스에서 키운다. 사계절 시장에 출하하기 위해 비닐하우스도 처음 개발할 때와는 달리 세 겹으로 되어 있다. 수막재배라 하는데 비닐 사이에 따뜻한 지하수가 흘러 들어가 사계절 상추가 자라도록 조정한다. 딸기, 호박 등도 전부 이렇게 비닐하우스에서 키운다. 유기농이야 벌을 이용해서 수정을 하지만 일반적으로는 약품으로 인공수정을 시켜서 사계절 시장에 내놓게 된다.

물도 때맞추어 주고, 빛도 성장하기에 최적으로 비춰주고, 온도도 성장하기에 적당하게 유지시켜주고, 벌레의 공격도 없으며, 성장하기에 충분한 영양을 공급해주는 채소는 모양만 채소이지 모든 영양소가 많이 부족한 상태이다. 온갖 역경을 겪으면서 자기 자신의 육체적·정신적 정체성을 찾아간 사람이 부모의 과보호 밑에서 편안하게 자란 사람보다 경쟁력이 있는 것과 같은 이론이다.

식물도 마찬가지다. 때로 가뭄이나 추위, 더위도 겪고, 영양 부족에 시달리고, 벌레의 공격도 받아야 물을 찾아 땅 깊이 뿌리를 내리게 되고 영양분이 많은 건강한 식물로 자란다.

식물이 살아가는 데 가장 중요한 광합성도 풍부한 태양 빛을 받아야 제대로 형성된다. 그런데 실내에서 태양광 흉내를 낸 빛으로 자랐다면 같은 푸른 잎을 가졌더라도 충분한 영양분을 지니고 있을 리 없다.

처음에 텃밭을 가지고 파이토케미컬에 대해 공부하면서 좀 억세고 싸한 건강한 채소, 특히 십자화과 식물을 얻고자 했는데 이론적으로는 거의 불가능했다. 우선 싹이 자랄 때 성장점을 먹어버린다. 인간이 먹을 어느 정도를 남겨두는 것이 아니라 깡그리 먹어버린다. 그러면 채소는 모양이 비틀어진다. 그러므로 이런 채소들은 초기에 일일이 벌레를 손으로 잡아주는 방법밖에는 없다. 아니면 간단하게 약을 치는 방법이 있다. 대량생산으로 나오는 십자화과 농산물은 약을 안 칠 방법이 없다. 유기농을 하는 농부들에게는 풀 수 없는 딜레마다.

우리는 깨끗한 채소보다 벌레 먹은 채소를 고르라는 말을 쉽게 한다. 농사를 직접 지어보지 않은 사람들이 간단히 하는 말이다. 벌레는 잎을 깡그리 먹어버린다. 그러면 다음에 나오는 잎은 모양이 비틀어진다. 그러니까 정확한 것은 벌레 먹은 채소라기보다 모양이 일그러진 채소를 구하라는 말이 정답이다.

땅

병원 뒤편에 조그만 텃밭을 만들 당시 상황은 열악했다.

병원은 대구 시내 한 중심에 있다. 과거 주택지였던 곳이 도심 공동화가 생기면서 점차 젊은 사람들은 떠나고 나이 든 분들만 남아 있던 곳이었다. 언제부터인가 원룸 건물이 들어섰다. 병원 주위 거의 대부분이 원룸 건물이다. 원룸에는 땅이 없고 전부 시멘트 덩어리이다.

병원은 이런 도심 한가운데 섬처럼 마당을 가지고 있다.

처음에 땅을 파보니 건축 폐자재도 섞여 있고, 식물이 못 자랄 정도로 척박했다. 나는 텃밭을 만들면서 쉽게 생각했다. 척박한 사막에도 식물이 자라는데 그냥 땅이면 식물은 살 수 있다. 식물이 스스로 알아서 자랄 것으로 생각하고 비료도 주지 않았다.

그런데 이런 땅에 일반적인 풀은 자라는데 농산물은 자라기가 어렵다는 것을 금방 알게 되었다. 처음 채소를 심었더니 자라기는 자라는데 볼품없이 작게 나면서 비틀어졌다. 열매가 열리는 가지, 토마토, 고추는 조금 열매가 맺히다가 곧 땅으로 떨어졌다. 농사에 대해 자문을 구하고 책을 찾아보니, 지력이 약해서라는 처방이 나왔다. 지력이 약한 것은 나도 동의했다.

떨어진 지력을 건강하게 하는 것은 교과서에 나오는 대로 우리가 다 아는 방법이었다. 퇴비를 주면서 장기적으로 땅이 스스로 힘을 가지도록 하는 것이었다. 그리고 해마다 돌려짓기를 해서 흙 속에 다양한 균을 확보하는 것이 책에서 알려주는 가장 좋은 방법이었다.

하지만 도시농업을 하는 분들은 좀 더 쉽게 하는 방법을 권유했다.

각 지역마다 도시에서 농사짓는 사람들을 위해서 정부에서 농업기술센터를 만들었다. 이곳으로 흙을 보내면 무료로 성분 분석을 해준다. 유기물, 산도, 인산, 칼륨, 마그네슘 등을 분석한다. 직접 퇴비를 만들어서 보충하는 것이 가장 이상적이지만, 간단하게 부족한 성분을 구입해서 보충하면 된다는 권고안까지 보내준다.

나도 검사를 의뢰했더니 예상한 대로 전반적으로 성적이 최하위였다. 해답도 쉽게 나왔다. 유기질 비료나 화학비료를 구입해서 해결하라고 했다.

땅에 대한 이러한 접근 방법의 역사는 깊다.

식물은 영양분을 자기가 만들어서 살아가고, 동물은 밖에서 섭취해 살아간다.

식물은 잎에서 광합성 작용을 한다. 빛 에너지를 이용해 이산화탄소와 물을 재료로 포도당과 같은 유기물을 합성하고 산소를 방출한다. 뿌리는 광합성에서 얻은 당 에너지를 이용해 주위에 있는 질소를 끌어들여 식물을 키운다.

식물이 자라는 데 질소는 꼭 필요하다. 질소는 두 가지 방법으로 얻을 수 있다. 식물 스스로 공기 중에 많이 있는 질소를 얻는 방법이다. 콩과 식물은 뿌리 주위의 작은 혹박테리아에게서 질소를 얻는다. 또 다른 방법은 인위적인 퇴비 사용으로 질소를 얻는 것이다. 1900년대까지만 해도 가축의 분뇨를 이용한 퇴비가 질소의 주요 공급원이었다. 하지만 시간도 걸리고 힘이 들고 질소량도 적다.

1840년 한 독일 화학자가 땅을 분석한 결과, 식물이 자라는 데 세 가지 영양소가 필요하고 그것만 선택적으로 뿌려주면 된다는 연구 결과를 발표했다. 질소N, 인P, 칼륨K이다.

현대 화학비료의 아이디어를 발표한 연구였다. 어떻게 하면 농산물을 많이 생산할까 고민하던 농부들에게는 눈을 번쩍 뜨게 하는 소식이었다. 하지만 질소, 인, 칼륨 등의 무기질을 구입하는 값이 엄청 비쌌다.

그런데 1909년 독일 화학자 프리츠 하버Fritz Haber가 공기 중에 많이 있는 질소를 분리해내는 방법을 발견하고, 공장에서 대량생산하는 체제를 갖추게 되면서 질소비료가 탄생하게 된다.

더구나 제2차 세계대전을 거치면서 화약을 만드는 질산암모늄을 만드는 공장들이 질소비료를 만드는 체제로 바뀌면서 농사에 획기적인 변화, 즉 대량생산을 가져왔다.

화학비료는 기존 퇴비 같은 유기질 비료에 비해 값도 싸고 효과가 탁월하고 빠르다. 화학비료의 사용은 농업 발전에 가히 혁명적인 변화를 가져왔다.

하지만 시간이 지나자 문제점이 드러나기 시작했다. 질소비료는 많이 뿌리면 땅을 산성화하기 때문에 적당한 양만 뿌려야 한다. 그러나 생산량만 생각하는 농부들은 많은 질소비료를 땅에 쏟아부었고 점차 산성화되면서 황폐해졌다.

그러고는 산성화되는 땅을 해결하기 위해 석회를 섞어서 뿌리기 시작했다. 석회는 땅에 스며들어 땅을 딱딱하게 만들어서 물의 활발한 교류를 막고 미생물의 번식을 막았다. 미생물이 줄어드니까 땅의 지력은 약해지고 점점 더 부족한 부분을 채워주는 보충제가 필요했다.

문제는 그런 땅에서 자라는 식물들이었다. 식물은 작은 병에도 견디는 힘이 약해졌다. 식물의 병의 종류도 점점 늘어났다. 농부들은 병충해 때문에 농약을 칠 수밖에 없었다. 악순환에 빠져든 것이다.

그리고 공기 중의 질소를 화학적으로 만들어서 땅에 뿌렸는데, 최근에 질소가 염 형태로 공기 중으로 환원되면서 오히려 미세먼지 형태로 환경오염의 주범이 되는 것으로 밝혀졌다. 환경의 역습을 당한 것이다.

몸

참 흥미로운 현상이었다.

흙도, 사람 몸도 원인을 진단하고 해결하는 방법이 놀랄 정도로 비슷하다는 생각이 들었기 때문이다. 최근 의학 기술이 발달하면서 병의 원인이 많이 밝혀지고, 치료제도 많이 나오고, 인간의 수명은 길어졌다. 병원에 입원하면 환자 몸에 손 한 번 대지 않고 먼저 온갖 검사부터 한다. 찾고 또 찾아서 원인균이 밝혀지면 약으로 박멸한다. 고장 나면 갈아 끼우고, 이상한 조직이 있으면 잘라내면 그만이다.

하지만 항생제로 모든 균이 다 없어진 줄 알았는데 수십 년이 지나자 내성이 생긴 균들이 나타나면서 새로운 전염병이 속출하고 있다. 결핵이 다시 생기고 메르스 사태까지 생긴 것도 이런 이유 때문이다. 극단적으로는 이제 기존 항생제의 역할은 끝났고 새로 생긴 균에 대한 대비책을 마련해야 한다고 얘기하는 사람들조차 있다.

미국에서 일어난 얘기다.

유명한 백만장자가 만성 두통에 시달렸다. 온갖 검사를 해도 병명이 없었고 결국 신경성이란 병명을 얻었다. 물론 치료도 되지 않았다.

고민 끝에 자기 두통 치료를 해주면 엄청난 보상을 하겠다는 광고를 냈다. 많은 유명한 의사들이 도전했지만 다들 성공하지 못했다.

어느 날 시골에서 한평생을 보낸 늙은 의사가 낡은 청진기를 들고 찾아왔다. 자기에게 한 달간 여유를 주되 같이 생활했으면 좋겠다고 했다.

백만장자는 그 제안이 달갑지 않았지만 승낙했다.

시간이 지나도 하는 일은 아무것도 없었다. 그냥 같이 밥 먹고 일상적인 얘기를 나누는 것이 전부였다. 사기꾼은 아닌지 의심도 들고 중간에 그만두고 싶은 마음이 수시로 들었다.

그렇게 한 달이 지나갔다. 늙은 의사는 백만장자에게 목 셔츠 단추 구멍을 한 단계 넓히라고 얘기했다. 치료란 것이 어처구니없었지만 그대로 해보았다. 그런데 시간이 지나자 거짓말같이 두통이 사라졌다.

환자들이 피곤하면 가장 먼저 떠올리는 것이 갑상선 기능 이상 또는 간 이상이다. 그런데 대부분 검사를 해보면 정상이다. 그 외 다른 검사들을 해봐도 거의 대부분이 정상이다.

자기는 불편한데 왜 그러냐고 의문을 가지고 온갖 다른 검사를 하는 경우가 많다. 병원에서 하는 검사는 병을 진단하기 위해 사용하지만 모든 것이 나타나는 것은 아니다.

우리가 사람 몸을 얘기할 때 건강한지 아니면 병이 있는지로 나누는데 그 중간에 있는 불건강은 빼고 얘기한다. 자기는 피곤하고, 몸이 붓고, 아픈데 검사를 해보면 괜찮다고 나온다. 우리 생활에 불건강한 원인은 너무도 많다.

이런 경우 나는 일주일간 자신이 먹고, 마시고 생활하는 양식을 전부 적어보라고 한다. 의외로 주위에 널려 있는 전자파투성이 때문에 잠 못 이루는 경우도 있고, 밤늦게까지 먹고 마시는 습관 때문에 목에 걸린 듯한 느낌을 가지는 역류성 식도염으로 오랫동안 약을 먹는 경우도 있다. 이럴 때는 검사를 하거나 약으로 치료하는 것이 해결책이 아니라 생활습관의 변화로 고칠 수 있다.

의학을 공부할 때 진단에 가장 중요한 것은 처음 환자를 만나서 병력을 자세히 듣는 것이라고 배웠다. 하지만 환자를 보다 보면 그것이 생각보다 쉽지 않은 일이다. 하루에 비슷한 환자들을 많이 보기 때문에 타성에 젖어서 그렇기도 하지만, 핵심을 말 못하고 장황한 얘기만 늘어놓는 환자에게서 정보를 집어내는 것이 쉽지도 않다.

이런 여러 가지 불건강을 가진 사람들이 자기는 불편한데, 병원에서 검사를 해도 딱히 드러나는 것이 없으니까, 귀 기울이는 것이 모발검사 등 또 다른 검사들이다.

당연히 미네랄의 부족, 중금속 오염 등이 나온다. 현재 지구상 북극의 빙하에서도, 태평양 심해에서도 환경호르몬이 나오는데 사람인들 왜 중금속이 나오지 않겠는가? 먹는 것이 맛 위주로 편식되어 있고 과일, 채소 등 영양소가 옛날 같지 않은데 미네랄 부족이 나오지 않겠는가?

이런 경우 처방은 간단하다. 부족한 미네랄을 보충하면 된다. 필요한 약 한 알로 간단하게 해결된다고 선전한다.

나는 사람 몸을 이렇게 간단하게 성분 분석하고, 부족한 것을 보충하는 것으로 건강을 지킬 수 있다고 접근하는 자체를 믿지 않는다. 몸의 전체적인 균형을 생각하지 않고 부분적으로 분석하고 보충하는 것의 한계를 얘기하는 것이다.

병에 대한 이런 접근은 현대 의학의 기본 개념이다. 현대 의학은 증거중심주의evidence based medicine이다. 데카르트 이후의 사고 양식이다. 즉 복잡한 것은 분할하고 쪼개어 분석하는 것이다. 환원주의reductionism라고도 한다. 어떠한 병이 있으면 원인을 파고들어가며 쪼개고 또 쪼갠다. 분석하기 위해 검사를 하고, 그 데이터에 근거해서 치료 체계를 확립해왔다. 문제 해결에는 아주 탁월한 방법이다.

현대 의학의 발달은 이런 사고 체계 덕분이라고 생각한다. 대부분의 병들을 이렇게 분석해서 밝혀내고 치료 방법을 만들었지만 100% 완벽한 것은 아니다. 해결 안 되는 10%가 있다. 병의 완벽한 정복을 위해서 이제까지 이런 방법에 매달렸지만 한계에 부딪쳤다.

대표적인 병이 암이다. 진단 기술이 발달하면서 암 발견이 급격하게 늘어났지만 암 치료는 한계에 부딪쳤다. 1971년 미국의 리처드 닉슨 대통령은 암과의 전쟁을 선포하면서 막대한 예산을 투입했다. 암의 원인을 밝히는 연구가 진행되면서 획기적인 많은 결과가 쏟아져 나왔다.

요즘은 이런 기사가 잘 안 나오지만 1990년대에는 암이 곧 완치된다는 기사가 자주 나왔다. 자신감에 찬 시기였다.

암 완치가 손에 곧 잡힐 것 같았지만 번번이 한계에 부딪쳤다. 급기야 2001년 《포춘》 지는 〈왜 암과의 싸움에서 이기지 못했으며 앞으로 어떻게 해야 할까〉라는 특집 기사를 실었다. 그리고 암과의 싸움에서 궤도 수정을 하게 된다.

그러면서 더 잘게 쪼개고 더 깊이 파고들어가야 한다는 결론을 내렸다. 이제는 더 깊이 원자 분자 수준까지 분석해 들어가고 있다. 요즘 암 분야는 분자생물학이 차지하고 있다. 그로써 많은 성과물이 나왔고 표적치료라는 말을 많이 하고 있다.

하지만 나는 조심스럽게 예측한다.

끝까지 더 잘게 파고들어간 미래에도 역시 이건 아니더라는 결론에 도달하리라 본다. 이건 부분의 합은 전체가 아니라는 생물학계의 유명한 말과 통하는 부분이다. 세포의 합은 조직이 아니고 조직의 합은 장기가 아니고, 장기의 합은 생명체가 아니라는 이야기다. 이제는 반대로, 즉 전체를, 땅과 인간을 균형적으로 보자는 이야기다.

환원주의적인 분석법은 아주 좋은 방법이지만, 한계에 부딪치는 부분은 좀 더 전체적인 균형을 생각하는 이중적인 접근 방법이 필요하다고 생각한다.

현재 농사나 사람 치료나 똑같은 환원주의를 택하고 있다. 땅이

척박하면 분석해서 부족한 부분을 보충하는 것이나, 사람 몸을 검사해서 부족한 부분을 처방하는 치료 방법이 똑같다고 보는 것이다.

그럼 땅을 어떻게 살릴 것인가?

사람 몸을 어떻게 살릴 것인가?

이것이 내가 진정한 농부를 찾아다니고, 어떤 먹거리로 사람 몸을 가꾸어나갈까 고민하는 부분이며, 이 책에서 밝히고자 한다.

비만 그리고 다이어트

21세기는 비만이 전쟁보다 무서운 세기가 될 것이라고 경고하고 있다. 전 세계가 비만과의 전쟁을 선포하고 있다. 우리나라도 마찬가지이다. 최근 통계를 보면 2015년 기준으로 비만 때문에 생기는 의료비와 사회경제적 비용을 따지면 9조 1506억 원이라고 추정하고 있다. 이는 9년 만에 두 배 수준으로 늘어났다(2006년 4조 7654억 원). 비만 비율은 2016년 처음으로 40%를 넘었다. 문제는 증가율이 가파르고, 특히 청소년 비율이 점점 높아져간다.

비만은 고혈압, 당뇨, 고지혈증, 심장 질환 및 유방암, 대장암, 전립선 암 등 많은 병과 연관이 있다. 의료비 지출을 고민하는 정부가 비만 예방에 매달리는 이유이기도 하다.

개인들 또한 질병보다는 미용 때문으로도 비만에 관심이 많다. 건강 분야 중에서 비만에 대한 관심이 가장 높다. 거의 폭발적이다. 그러다 보니 다이어트 부분이 가장 확실하고 성장성 있는 사업이라고 얘기한다. 모두 살을 빼고 싶어 하고 시도를 하지만 99%는 다시 비만으로 돌아오기 때문이다.

이미 수백 종류의 다이어트 방법이 나와서 환자들을 유혹하고 있지만 다이어트에 성공했다는 사람을 찾아보기는 힘들다.

다이어트는 어떤 방법이 가장 좋을까? 왜 이리 어려울까? 이런 호기심을 가지고 내가 직접 다이어트를 시작했다. 사실 다이어트가 주목적이 아니었고 건강한 음식을 먹는 것이 주목적이었다.

그런데 나는 건강한 음식을 맛있게 많이 먹었는데 살이 저절로 빠졌다. 그동안 운동은 전혀 하지 않았다. 4년 만에 25kg이 빠졌다. 이런 모습을 본 많은 사람이 다이어트에 대해서 나에게 물었다.

다이어트의 원리는 간단하다. 몸속에 들어오는 칼로리와 소비하는 칼로리 사이에 차이가 생기면 살이 찌기도 하고 빠지기도 한다.

흔히 자기는 물만 먹는데 살이 찐다는 사람들이 있다. 거짓말이다. 우주의 원리 법칙에 그런 것은 없다. 물이 땅에서 하늘로 거꾸로 흐르는 법은 없다. 남는 에너지 없이 무엇으로 살이 찌겠는가. 밥은 적게 먹고 물만 마실지는 몰라도 에너지가 될 만한 간식거리 등을 먹었기 때문에 남아도는 열량이 생기는 것이다.

그러므로 다이어트의 기본은 먹는 음식의 칼로리를 줄이거나 운동으로 많은 칼로리를 소비하면 된다. 이렇게 다이어트에 운동, 음식 두 가지가 중요한데 나는 음식을 조심하는 것이 더 우선이라고 믿는다. 내 경험이기도 하다.

칼로리만 생각했을 때 한 시간 열심히 운동해도 소비 열량은 200Kcal 정도이지만 단 커피나 탄산음료에 간식 한두 개만 먹어도 그 열량에 해당된다. 운동이 중요한 것은 맞는 이야기지만 먹는 음식

칼로리를 생각하지 않고 운동만 하는 것은 다이어트에 효과가 없는 주요 원인이기도 하다.

어떤 한 가지 사항이 있으면 접근하는 방법에 따라 다른 결과를 얘기할 수 있다. 예를 들면, 무엇이 몸에 좋다고 하면 접근하는 방법에 따라 결과가 달리 나온다. 현재에도 많은 새로운 다이어트 비법이 나오는 이유다. 자기 식대로 해석하기 때문이다.

의사들은 이런 사항을 알기 때문에 함부로 얘기하지 않는다.

"이것 먹어도 좋을까요?"

"아닙니다. 골고루 드세요."

1970년대 발표된 좋고 나쁜 음식의 피라미드가 있다. 그 당시 농식품은 제일 밑에 있었다. 고기를 피하고 이런 농산물을 먹는 것이 건강에 좋다고 선전했다. 그 당시 이 모델은 학교 시험에도 단골로 나왔었다.

하지만 나중에 이 연구는 미국농산물협회의 보조를 받고 진행한 결과라는 결론이 나왔다. 그 이후부터 모든 자료를 발표할 때는 어느 회사의 연구비를 받았는지, 그냥 순수하게 연구한 것인지 반드시 밝히게 되어 있다. 이처럼 모든 연구는 보는 관점에 따라 자기들 편리한 대로 결론을 낼 수 있기 때문이다.

현재 음식의 피라미드를 보면 연구하는 기관에 따라 조금씩 다른 것을 볼 수 있을 것이다. 최근 발표한 하버드 의대의 자료를 보아도

〈미 농림부 피라미드〉

다른 자료들과 다른 점이 보인다.

주위에 무엇을 먹으면 좋은지, 어떤 것이 건강에 좋은지 정보가 넘쳐나고 있다. 일단은 의심하고 봐야 한다. 개인이 한 것인지, 회사가 한 것인지, 영리를 목적으로 한 것은 아닌지 따져야 한다.

우리는 하버드 의대에서 발표했다면 일단 믿는 경향이 있다. 많은 연구 자료를 비교해서 발표한 것이고 적어도 영리를 목적으로 한 것은 아니기 때문이다.

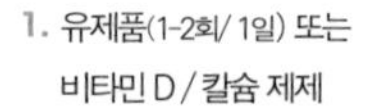

1. 유제품(1-2회/ 1일) 또는
   비타민 D / 칼슘 제제
2. 견과류, 종자, 콩류와 두부
3. 생선, 가금류와 달걀
4. 채소와 과일
5. 건강에 좋은 지방/기름
6. 전곡류
7. 매일 운동과 체중 조절

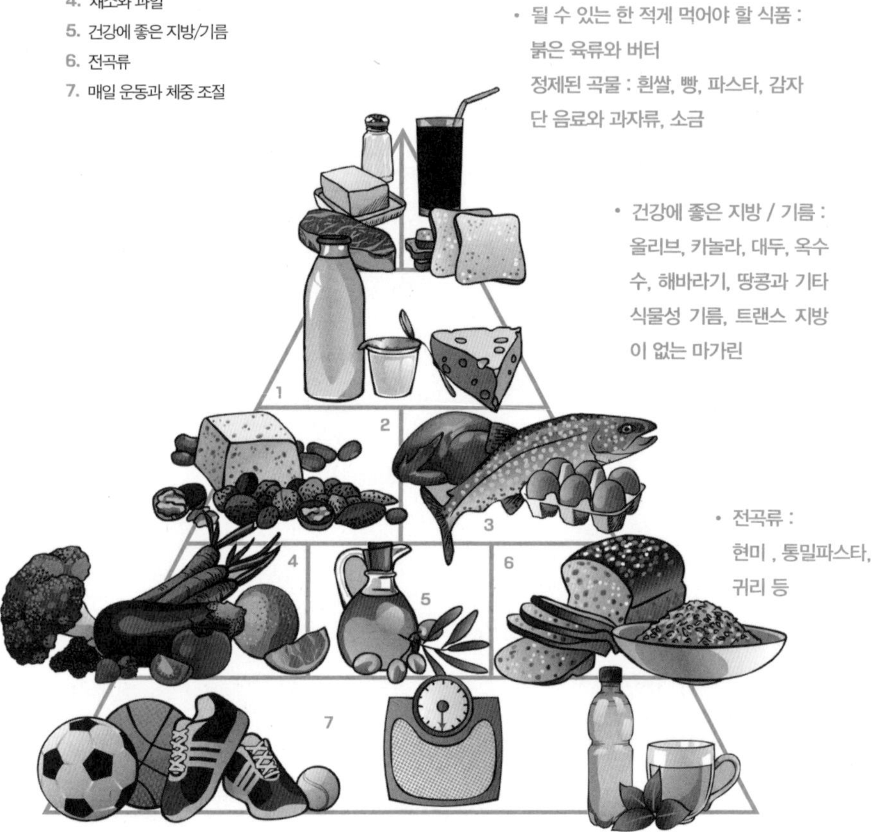

- 될 수 있는 한 적게 먹어야 할 식품 :
  붉은 육류와 버터
  정제된 곡물 : 흰쌀, 빵, 파스타, 감자
  단 음료와 과자류, 소금

- 건강에 좋은 지방 / 기름 :
  올리브, 카놀라, 대두, 옥수수, 해바라기, 땅콩과 기타 식물성 기름, 트랜스 지방이 없는 마가린

- 전곡류 :
  현미 , 통밀파스타,
  귀리 등

- 알코올은 적당히
- 매일 종합 비타민과 여분의 비타민 D (대부분의 사람들)

〈하버드 대학의 음식 피라미드〉

"살 빼는 데 좋은 방법은 없습니까?"

"왕도가 없습니다. 골고루 적당하게 먹고 운동하십시오."

사실 맞는 말이다.

하지만 쉬운 방법을 기대하는 대부분의 사람들은 상업적으로 접근하는 말을 믿는다.

비만을 상업적으로 생각하는 사람들은 자기들 편한 대로 자료를 모으면 쉽게 결과를 만들 수 있다. 그리고 쉽고 획기적인 방법이라고 선전한다. 극단적으로 비만은 마케팅의 역사라고 말할 수 있다. 시대에 따라 다이어트 방법이 마케팅에 따라 수시로 바뀌어왔으니까.

최근 하루 1만 보 걷는 것이 건강에 좋다는 것도 만보 걷기에 이용되는 장비 회사의 마케팅의 결과라는 보도가 있었다. 지난 수십 년간 하루 1만 보 걷기는 건강에서 거의 바이블 수준이었다. 하루 1만 보씩만 걸으면 고혈압, 당뇨, 고지혈 같은 생활습관병(나쁜 생활 습관으로 생길 수 있는 질병)의 대부분은 치료된다고 얘기했다. 그런데 그렇게 시간 투자를 하기도 힘들고 효과도 미미하다는 결과가 이제야 나온 것이다.

다이어트에 좋다는 모든 방법도 항상 이런 전철을 밟았다. 비만을 가장 먼저 사회문제로 인식한 미국을 보면 그러하다. 미국에서 비만을 사회문제로 인식하자 가장 먼저 움직인 것이 음식을 다루는 큰 회사들이었다.

무엇이 비만의 주요 원인인지 논란은 있었지만 처음에 비만의 주범은 지방이라고 여겼다. 지방 섭취를 줄이면 비만을 줄이고 비만으로 생기는 질병이 해결되리라고 생각했다. 처음에 지방이 비만의 주범이란 연구 발표가 있자 제일 먼저 움직인 것은 식음료 회사였다. 식품업계는 '저지방' 상품을 쏟아냈다. 저지방으로 생긴 칼로리 공백은 탄수화물이 채웠다.

그 당시 탄수화물은 모두 좋은 것으로 여겼다. 하지만 시간이 지나도 비만은 줄지 않았고 그로 인한 질병은 오히려 늘어났다.

그러자 다음 타깃은 '탄수화물'이었다. 탄수화물에 대한 연구가 주를 이루었고, 탄수화물이 비만에 주범이란 연구가 쏟아져 나왔다. 식음료 회사는 지금까지 알던 지방이 문제가 아니라 탄수화물의 과다한 섭취가 비만의 주요 원인이라고 알리기 시작했다. '무가당' 상품이 개발되고 선풍적인 인기를 끌었다. 그리고 부족한 칼로리는 단백질로 채웠다. '고단백-저탄수화물' 방법이 유행한 근거다.

그래도 비만과 그와 연관된 질병은 줄어들지 않았다.

극단적인 방법이 생겼다. 아트킨스 다이어트Atkin's diet, 일명 황제 다이어트라고 얘기하는, 탄수화물을 일절 먹지 않고 단백질을 주로 섭취하는 방법이다. 원리는 케토산증ketoacidosis에서 빌려왔다.

우리 몸은 당장 쓰이는 연료로 탄수화물에 들어 있는 단당류를 사용한다. 혈액 속의 단당류를 이용하기 위해서 몸에서는 인슐린이란 호르몬을 이용한다. 이런 인슐린이 부족한 병이 당뇨병이다.

그런데 당뇨병은 많은 합병증을 가져오고 여러 합병증이 위험을 초래한다. 당뇨병은 인슐린 부족으로 혈액에 과다한 당이 있는 것이 병이지만, 당장 심각한 문제를 일으키는 가장 큰 합병증은 저혈당이다. 당뇨 환자들은 항상 비상용으로 사탕을 가지고 다니도록 권유한다. 만약 힘이 빠지거나 어지럽거나 의식을 잃으면 저혈당으로 위험할 수 있으므로 당을 보충해야 한다.

저혈당이 왜 위험한가? 의학적으로 분석하면 이렇다. 혈액에 당이 부족하면 에너지가 필요한 몸은 당을 어디선가 가져와야 한다. 외부에서 공급이 없으면 몸속에서 찾게 된다. 몸속 지방에는 당과 비슷한 케톤ketone이란 물질이 있다. 저혈당에 빠지면 아주 중요한 뇌에서 당장 당이 필요하므로 우리 몸은 응급 상황으로 판단하고 지방에서 케톤을 빼내서 사용한다. 이 케톤체가 단당류와 비슷한 구조를 가졌기 때문이다.

그런데 이건 어디까지나 응급용이다. 계속 외부에서 당의 공급이 안 되고 케톤을 사용하게 되면 케톤산증이라고 오히려 이 케톤이 뇌에 심각한 문제를 일으킨다. 목숨을 잃을 정도로 아주 위험하다. 당뇨병 환자에게 저혈당이 무서운 이유가 여기 있다.

황제 다이어트는 이런 논리에 근거해서 탄생했다. 극단적으로 탄수화물을 억제해서 인위적으로 저혈당을 만든다. 그러면 우리 몸은 지방에서 케톤체를 꺼내서 연료로 사용한다. 원래 우리 몸에서 지방은 가장 나중에 연료로 사용하는 물질인데 바로 응급용으로 사용하게 된다. 그럼 바로 지방이 빠지고 체중도 빠진다.

다이어트를 해본 사람은 우리 몸에서 지방을 없애는 것이 얼마나 힘든지 안다. 처음 내가 체중을 줄이자 제일 먼저 얼굴이 홀쭉해졌다. 시간이 지나 웬만큼 체중이 줄었는데도 복부 비만은 요지부동이었다. 내장 비만도 꼼짝을 안 했다. 목표는 복부와 내장지방인데 빠지지 않으니까 나중에 절망감이 들었다. 심지어 최종적으로 남은 복부 지방은 지방 흡인으로 간단하게 없애버릴까 하는 생각까지 했었다.

그런데 내 몸 입장에서 생각하니 이해가 되었다. 인간은 수백만 년 동안 배고픔에 시달렸다. 어쩌다가 운 좋게 사냥을 해서 배를 불리고 나면 일주일이나 한 달을 굶는 일이 다반사였을 것이다. 그런 일이 반복되니까 먹이가 생기면 잔뜩 먹어서 저장해두는 것이 인간 유전자 속에 각인돼 있을 것이다. 내 몸은 복부와 내장에 잔뜩 지방을 저장해두었는데, 주인인 내가 굶기 시작하고 체중이 빠지기 시작하니까 바짝 긴장했을 것이다.

"우리 주인이 드디어 직업을 잃었구나. 먹을 것도 없구나. 내가 몸을 비상 모드로 돌려서 몸의 지방을 아끼고 버텨야겠구나."

내 몸은 주인을 지키기 위해 그렇게 요지부동 자세가 되었을 것이다. 몸이 그렇게 버티는 시간이 어느 정도 지나가자 거짓말같이 복부의 지방이 빠지기 시작했다. 그렇게 허리둘레가 7인치(18cm) 빠졌다.

이렇게 빠지기 어려운 지방이 극단적인 탄수화물 섭취를 줄이는 방법 하나만으로 바로 빠진다고 하니 일반인들에게 얼마나 눈에 번쩍 뜨이는 소식이겠는가?

나도 굉장한 아이디어라고 생각한다. 돈을 벌기 위해서는 참 대단한 사람들이라는 생각이 든다. 선풍적인 인기를 끌었고, 지금도 유행하고 있다.

현재 인기 있는 저 탄수화물, 즉 고지방, 고단백 섭취는 모두 이런 이론에 근거하고 있다. 확실하고 쉽게 체중을 빼기에는 좋은 방법이다. 그런데 장기적으로 봤을 때 건강을 해친다. 케톤으로 말미암아 장기적으로는 몸이 산성화된다. 몸의 밸런스를 무너뜨리고, 암 등을 많이 일으킬 수 있다. 실제 이 방법을 창시한 당사자는 46세에 일찍 병으로 사망했다.

그럼 어떤 방법이 다이어트에 좋을까?

의사들에게 물어보면 환자 앞에서 특정한 방법을 권하는 의사는 없다. 항상 골고루 균형 있는 식사를 하라고 말한다. 특별한 대답을 듣고 싶어 하는 사람들에게 이런 이야기는 너무나 평범하다.

다시 말하면 다이어트에 왕도는 없다. 음식의 3대 기본 물질인 탄수화물, 단백질, 지방을 골고루 먹어야 하는 것이 답이다. 그리고 칼로리의 균형을 생각하면 된다.

건강한 식습관을 가지고 있는데 자꾸 체중이 늘고 고지혈 약까지 먹게 되어서 고민이라는 환자에게 일주일간의 식사를 적도록 했다.

05:30	물 2컵 500cc
06:30	달걀 스크램블, 베이컨 2조각, 토마토 · 사과 1개씩, 물 2컵
10:30	삶은 달걀 1개, 치즈 2장, 사과 주스 1잔, 견과류 조금
14:00	시래기밥, 고등어, 잡채, 샐러드, 쭈꾸미 볶음, 된장찌개, 물 2컵
15:00	키위 주스, 물 2컵
18:00	우유에 섞은 통귀리 후레이크 1잔, 물 2컵
	• • •
06:00	물 2컵
07:30	삶은 달걀 1개, 우유에 탄 선식 1잔, 물 2컵
12:00	김밥 1줄, 토마토, 차 1잔
14:00	키위 주스, 생크림, 바게트, 물 1잔
19:00	냉면, 새우튀김, 어묵 떡볶이

이 메모를 보면 환자가 살을 빼기 위해 엄청난 노력을 한다는 것을 알 수 있다. 여러분은 이분의 문제점이 무엇인지 알 수 있는가?

이런 분들은 하루 종일 조심할 음식에 대해 신경 쓰고 있는 것이 분명하다. 무언가 몸에 좋다는 것을 골라서 먹고 양도 적게 먹는다. 아마 하루 종일 배가 고플 것이다. 실제로 하루 종일 허기지고 먹는 생각만 하고 있다고 했다.

내가 진단한 문제점은 식사 때 메인 요리로 배 불리는 것이 없다는 것이다. 밥이든 빵이든 스테이크든지 메인으로 배를 불릴 요리 하나는 있어야 한다. 배가 든든하게 불러야 중간에 간식을 먹지 않는다. 이분을 보라. 몸에 좋다는 것은 챙겨서 먹으면서 배가 고프니까 과일도 많이 먹고 열량이 많은 간식거리도 자주 먹고 있다.

의사인 내가 권하는 식사는 대체로 이렇다.

꿀팁 둘

아침 | 밥은 배불리 먹어라. 탄수화물이 나쁜 것은 아니다. 반찬은 채식이든 고기든 관계없다. 조리 과정을 간단히 해서 열량을 적게 하라. 기름에 무치고, 볶고, 튀기지 마라.

점심 | 달걀, 토마토. 다른 과일

저녁 | 푸짐하게 먹어라. 고기 먹고 싶으면 기름이 없는 고기로 아예 스테이크를 먹어라. 다른 소스는 뿌리지 마라. 채소를 푸짐하게 먹어라, 밥을 먹으면 반찬을 역시 간단한 조리법으로 하라.

그 외 시간 | 배가 고프면 간식을 먹지 말고 물을 마셔라. 특히 저녁 8시 이후에는 먹는 것을 삼가해야 한다.

나의 경험

7년 전 현미채식을 하고, 살을 빼고, 아직까지 건강한 식생활을 유지하고 있으니까 많은 사람이 나를 별종 취급한다. 대부분의 사람들이 내가 얘기하는 것이 좋은 것은 알겠는데 자기는 힘들겠다고 미리 포기한다.

난들 이런 과정이 쉬웠겠는가?

처음 동기는 호기심이었다. 나는 병원 개업한 지 오래되어 20년 이상 인연을 가진 환자들이 많다. 그중 한 명은 30세 중반, 20년 전부터 당뇨병을 앓고 있었다. 매번 유방암 검진을 하러 오면 건강한 음식에 대해 이런저런 얘기를 나누곤 했다. 환자의 당뇨병은 점점 심해지고 있었다.

당뇨병 때문에 망막 손상으로 시력이 약해진다고 의사들이 음식 조절을 강하게 권유했는데, 자기는 그게 잘 안 된다고 했다. 그리고 5년 후 방문했을 땐 거의 실명한 상태였다. 그런데도 자기는 좋아하는 단 음식을 끊을 수 없었다고 사람 좋은 웃음을 지었다.

나는 충격을 받았다.

눈이 멀어지는데도, 불건강한 음식, 단것을 끊을 수 없다니…….

이건 마약이라고 생각한다.

그렇게 음식 조절이 어려운가 하는 호기심으로 나는 시작했다.

먹는 것을 좋아하고 양도 많았던 내가 완전 채식을 시작하려니 한 달 전부터 온갖 핑계도 떠오르고 서글펐다. 머리 깎고 속세를 떠나면 이런 심정이 아닐까 싶었다. 왜 병도 없는데 내가 이렇게까지 해야 하는가부터 몇 달만 미루자는 생각까지.

그런 과정을 겪으면서 채식을 시작했다. 하는 김에 제대로 해보자고 그것도 생선, 유제품까지 안 먹는 비건vegan(완전 채식)으로 택했다.

사람이 변하는 것은 의지의 문제가 아니라 인식의 문제인 것이 맞았다. 우리가 백 번 변하겠다고 결심해도 대부분이 잘 변하지 않는다. '작심삼일'이란 말이 괜히 나왔겠는가. 변하겠다는 인식, 왜 변해야 하는지에 대한 분명한 깨달음만 가지면 변하는 것은 순식간이라는 것을 경험했다.

막상 시작하고 보니 그다음부터는 너무 쉽게 진행되었다. 억지로 하는 것이 아니라 몸이 변하고 또 다른 세계를 경험하는 재미가 있었다.

그렇게 5년이 지나자 행동에 제약이 생겼다. 약속 장소에 가면 상대방이 나를 불편해했고 메뉴 정하는 것 또한 불편했다. 고기, 생선을 안 먹고 밖에서 먹을 수 있는 식당을 찾기가 쉽지 않았다. 그러니까 자연히 내가 만나는 사람들조차 제약이 따랐다.

내가 종교적 신념이 있거나, 병이 있어서 현미채식을 하는 것도 아니고, 음식이란 사회적인 의미도 있는데 굳이 이렇게까지 엄격할 필요가 있을까 하는 생각이 들었다.

현재는 고기를 포함해서 음식을 가리지 않는다. 집에서 굳이 고기를 먹지는 않지만 약속 장소에서는 편하게 먹는다. 물론 많은 약속을 아예 집으로 불러서 건강한 밥을 내가 해주는데 그때는 채식이 주요 요리다.

영양학적으로는 채식만 해도 사람이 사는 데 아무런 문제가 없다는 것이 내 경험이다. 하지만 사회적 의미를 생각할 때 개인에 따라 육식, 채식이 중요하지는 않다고 생각한다. 건강한 재료에 조리 방법만 건강하면 된다고 생각한다.

이렇게 음식에 대한 생각을 바꾸니까 또 다른 좋은 경험들을 하게 된다. 과거 살이 찐 경우 거하게 먹고 나면 일어서는 순간 항상 후회를 하곤 했었다. 이렇게 먹으면 안 된다고 느끼면서도 그런 행동은 반복됐다. 아마 대부분의 사람들이 지금도 그렇게 느끼면서 불건강한 음식을 먹고 있을 것이다. 그리고 언젠가는 건강한 음식을 챙기고 살도 빼겠다고 다짐하면서 말이다.

그런데 나는 지금 온갖 불건강하지만 맛있다고 알려진 음식을 간혹 먹는다. 먹는 음식을 정신적으로 너무 힘들게 접근하지 말자고 시작한 일인데, 사실 나도 이런 음식을 먹으면 맛있다. 그리고 죄책감도 없다.

처음 5년간 엄격하게 음식을 조절하면서 몸도 만들고, 입맛에 대한 개념을 잡아두었더니 이제는 육체적 · 정신적인 부담 없이 이렇게 음식을 즐기고 있다.

그래서 난 주위에 자신 있게 얘기하고 다닌다. 5년만 고생하자, 입맛을 건강하게 단련시켜 놓자, 그리고 마음 놓고 죄책감 없이 편하게 맛있는 것을 먹자, 그러면 평생이 즐겁다고.

말은 이렇게 하지만 사실 이제 불건강한 음식은 입에 당기지 않는다. 먹어도 몇 점만 먹는다. 옛날에는 삼겹살이 그렇게 맛있었다. 기름만 골라서 먹었다. 이제는 역겨운 냄새가 난다.

대변

현미채식을 시작하자 가장 큰 변화가 대변이었다. 엄청 많이 나온다. 현미채식을 시작한 사람들이 앉으면 가장 먼저 얘기하는 것이 대변 이야기이다. 자랑은 때와 장소를 가리지 않는다. 매일 대변을 본다, 양이 엄청 많다, 냄새가 향기롭다, 기분이 너무 좋다 등등. 처음 만난 젊은 아가씨도 모르는 사람에게 부끄럼 없이 얘기한다. 더럽지도 않고 냄새나지도 않고 그저 기분 좋을 뿐이다.

대변은 더러운 것이 아니라 중요한 것이다. 특히 외과 의사에게는 더 그렇다. 사람들의 대변 상태를 보면 건강 상태를 알 수 있다. 외과 의사가 병을 진단하는 데 대변은 중요하다. 문진을 하면서 대변을 잘 봤는지, 대변 색깔은 어떤지 확인하는 것은 외과 의사로서 기본 자세다. 특히 복부 수술 환자가 가스가 잘 나왔는지, 대변을 봤는지는 회복 과정이 잘 진행되고 있다는 증거이기 때문에 수술을 집도한 외과 의사는 온통 대변에 관심을 기울인다. 가스가 나왔다고 하면 물부터 마시게 하고 대변이 나오면 밥을 주고 퇴원을 준비하게 된다.

환자 상처를 치료하고, 대변을 잘 보는지 점검하는 일이 외과 전공의들의 중요 업무이다 보니 외과 의사에게 대변은 친숙한 존재다.

입원 기간 동안 대변을 보지 못하면 손가락으로 항문 검사를 하고 대변이 많이 차 있으면 손으로 파내는 것도 전공의 몫이다.

대부분 사람들이 대변이 더럽다고 하지만 나를 포함한 외과 의사들에게 대변은 더러운 존재가 아니다. 그냥 장기의 한 부속물, 그것도 반가운 존재다.

과거 서양인과 한국인의 대변은 달랐다. 고기를 많이 먹는 서양인의 경우 대변은 염소 똥 모양으로 양도 적고 끈적끈적하다. 냄새도 고약하다. 며칠에 한 번씩 대변 보는 것이 당연하다. 한국인은 양도 많고 누런 황금빛을 띤다. 냄새도 그렇게 고약하지 않다. 매일 대변을 본다.

음식이 입으로 들어오면 위에서 잘게 부수고, 간에서 담즙을 포함한 소화액이 나와 화학적인 분해를 하고, 소장에서는 필요한 영양소를 흡수한다. 대장은 소장에서 넘어온 찌꺼기에서 수분을 흡수하고 대변을 만들어 몸 밖으로 내보내는 역할을 담당한다.

소화가 되지 않는 섬유질이 많으면 자연히 대변의 양은 많아진다. 섬유질이 풍성한 음식은 대장 속에 차여 있는 독소를 가지고 항문 밖으로 나가기 때문에 대장이 건강하다. 과거 한국인이 채소를 많이 먹을 때는 변비나 대장의 병이 드물었다. 대장암은 서양인의 병이있다. 근래에 대장암이 폭증하고 있다. 그 원인으로 식생활 습관의 변화를 많이 얘기한다. 고기 소비가 많고 채소를 많이 먹지 않는 식생활 습관이 주원인이다.

젊은이들의 변비, 과민성 대장염 또한 식생활 습관과 함께 과도한 스트레스 때문에 생기는 병이다. 아침을 느긋하게 먹을 시간도 없고 밥 먹고 변소 가서 대변을 볼 여유도 없다.

과거 나의 학창 시절에는 대부분이 아침은 꼭 챙겨 먹었다. 학교는 늦어도 밥은 먹었다. 아침을 먹고 나면 변소에 가서 대변 보는 것은 당연한 코스였다. 변소가 하나였던 시절, 많은 식구가 변소 앞에서 나이 순서대로 줄을 서서 기다린 이야기는 많은 에피소드를 만들었다.

요사이야 당연히 집에 화장실이 두세 개이지만 그때는 화장실이 한 개였으니 당연하지 않은가? 형제들이 줄서서 기다리다가도 아버지가 나타나면 한 줄씩 밀리는 것은 당연했고, 변소에 앉아 있다가도 아버지가 나타나면 일 보는 중간이라도 접고 빨리 나와야 했었다.

그런데 어느 순간 현대인들은 아침을 먹는 습관이 없어져버렸다. 학생이나 직장인 모두 바쁜 출근 때문에 느긋한 아침밥을 잊어버렸다. 변소 가는 습관 또한 잊어먹었다. 자연히 배변 활동에 변화가 생겼고 대장의 병들이 많아졌다.

변비를 겪는 사람들의 고통은 당사자 이외에는 모른다. 하루 종일 배가 더부룩하고 항문 쪽이 무거움을 느낀다. 자연 성격에도 변화를 가져온다. 아주 깐깐해진다. 반면 대변을 많이, 잘 봤을 때 쾌감은 이루 말할 수 없다. 성격도 느긋해진다.

현대에는 만성 변비로 고생하는 사람들이 많다. 온갖 치료를 다 해도 안 된다고 얘기하지만 내가 권유하는 대로 먹어서 해결 안 된 경우는 거의 없었다. 누군가는 10년간 변비에 시달리다가 시원한 대변을 본 후 펑펑 우는 경우를 본 적도 있다.

해결은 간단하다. 식이섬유를 많이 먹으면 된다.

매일 엄청난 대변을 보는 나도 외국에 나가면 며칠에 한 번 대변을 본다. 나는 외국에 나가도 특별한 경우가 아니면 숙소를 빌려서 밥을 직접 해먹는다. 그 지역에서 나는 다양한 재료를 구해서 직접 해먹는 재미를 느끼고 있다. 하지만 집에서 먹는 식이섬유 양에 비하면 턱없이 부족하다. 당연히 대변의 양이 적어진다. 그만큼 대변 활동에는 식이섬유를 많이 먹는 것은 필수적이다.

요즘 대장암도 많이 생기지만 과민성 대장염을 가진 환자들도 많이 증가하고 있다.

식사를 하고 나면 수시로 배가 더부룩하고, 살살 아프고, 설사·변비가 반복된다. 대변을 봐도 시원하지 않고 하루 종일 불편하다. 병이 있는지 불안해서 대장내시경을 포함한 모든 검사를 해보아도 별다른 이상은 보이지 않는다.

전체 인구의 15% 정도가 과민성 대장염으로 고생한다고 보고하고 있나. 생명에 지장을 주는 병은 아니지만 당해본 사람만이 안다. 사회생활에 지장을 줄 정도로 불편하다.

원인으로는 아직 알려진 바가 없다. 위장관 운동의 이상 때문이라고 하고, 대장이 과민 반응을 해서 그렇다고도 하고, 요사이는 대장 안에 존재하는 많은 종류의 세균에 이상이 생겨서 과도한 발효와 가스가 생기는 것에 주목하기도 한다.

원인을 아는 바도 없고, 뚜렷한 치료 방법도 없고, 환자는 많이 불편하므로 치료 또한 불편한 증상에 초점을 맞추어서 한다. 변비가 있으면 대변 보는 약을 주고, 설사가 있으면 설사를 멈추도록 약을 주고, 복통이 있으면 진정제를 주고, 정신적으로 시달리면 항우울제를 준다.

그리고 증상을 줄이기 위해서는 식사 조절이 중요하다. 가장 잘 알려진 치료가 포드맵FODMAP 식단이다. 포드맵이란 Fermentable(발효 가능한) oligosaccharides(올리고당) Disaccharides(이당류) Monosaccharides(단당류) And(그리고) Polyols(폴리알코올)의 약자다. 한마디로 포드맵이 포함된 음식을 줄이자는 이야기다.

이것은 호주에서 제안된 식단이다.

우리가 흔히 장이 안 좋다고 하면 식이섬유를 먹거나 프로바이오틱스를 복용해야 한다고 알고 있다. 그런데 정상적인 장 상태에서는 장내 세균이 식이섬유를 잘 이용하는데, 장에 필요 이상의 장내 세균이 자라면 식이섬유도 해악을 끼친다는 이론이다. 이상한 균들이 많아져서 식이섬유나 당류를 먹이삼아 발효시켜서 가스 발생이 증가하고 과민성 장염을 일으킨다는 설명이다.

이 메뉴에 따르면 사과, 배, 복숭아도 나쁘고 호밀, 보리, 잡곡도 안 좋고 치즈, 우유, 양배추, 브로콜리도 안 좋다. 오히려 쌀밥, 설탕은 좋다고 권유한다. 포드맵을 피하는 식단이 증상을 완화한다는 보고는 많이 있다. 과민성 대장염 중에서도 경우에 따라 시도해볼 수 있는 메뉴라고 생각한다.

그런데 의문이 들었다. 과민성 대장염은 원인도 모른다. 검사를 해도 아무런 이상이 없다. 그런데 환자는 일상생활이 불편할 정도로 속이 안 좋다. 치료는 이런 증상에 맞춘다. 포드맵 식단도 완치 수단이 아니라 증상을 완화하는 수단이다.

그럼 완치는 어려운 것인가?

하지만 확실한 것은 최근 들어 과민성 대장염이 많이 생긴다는 사실이다. 과거에 비해 왜 늘어나는 것일까?

주목할 부분이 하나 있었다. 과민성 대장염의 원인은 잘 모르지만 추정하기로는 장 세균의 이상 증식으로 음식 섬유소가 발효하면서 생기는 과도한 가스로 환자가 불편을 느낀다는 것이었다.

그럼 장 세균만 건강하면 치료가 되지 않을까?

대장은 미생물 덩어리이다. 변 1g에 10억 마리의 미생물이 들어 있다. 주 미생물은 대장균이다. 과거에는 대장의 미생물이 주목받지 못했다. 그냥 쓸데없는 대변 속에 들어 있는 것으로만 보았다.

그런데 요사이는 이 미생물들이 세로토닌을 비롯한 중요 호르몬 생산에도 역할을 하고, 자가면역질환에도 일정 부분 관여한다고 추정하고 있다. 장내 미생물의 이상으로 생기는 질병을 고치기 위해 건강한 대변을 다른 사람한테 이식하는 기술도 개발되고 있고, 건강한 대변을 보관하는 은행까지 생기고 있다.

건강한 대변에 관심이 집중되면서 자연히 프로바이오틱스라는 개념이 주목받고 있다. 오래전부터 요구르트를 살아 있는 유산균이라고 선전하던 그 개념이다. 즉 살아 있는 좋은 세균 무리를 말한다.

요사이 프로바이오틱스라는 제품이 많이 쏟아져 나오고 있다. 장기능을 개선해서 장 건강을 지켜야 몸이 건강하다는 멘트는 꼭 따라다닌다. 작은 병 하나에 유산균이 10억 마리가 있다고 선전한다. 너무나 쉬운 방법이라 소비자들은 또 속고 이런 제품을 사 먹는다.

그런데 콩알만 한 변 1g에 대장균이 10억 마리다. 대변 전체가 대단히 불건강해서 불건강한 대장균밖에 없는데 조그만 병 하나에 들어 있는 유산균을 먹는다는 것은 오염된 한강물에 깨끗한 물 한 컵 넣고 건강한 강물이 되기를 바라는 것과 같다고 비유하고 싶다. 대변 건강은 그렇게 지켜지는 것이 아니다.

우선은 증상을 완화시키는 약물이나 포드맵 같은 처방은 필요하다. 하지만 그다음 궁극적인 목적은 건강한 대변을 만들도록 해야 한다. 대변에 좋은 미생물이 자라도록 하는 데는 좋은 식이섬유가 많은 채식밖에 방법이 없다.

매일 건강한 대변을 보도록 해야 한다.

환자가 중환자실에 누워 있으면 혈압 못지않게 중요하게 점검하는 것이 소변이다. 만약 소변이 몇 시간이 지났는데도 안 나오거나 적게 나오면 외과 의사들은 초비상이다. 요독증에 빠지고 생명이 위험하기 때문이다. 그런데 일반적으로 며칠 대변 못 보는 것은 그냥 변비가 있다고 대수롭잖게 얘기한다.

사실 환경호르몬 배출 면에서도 대변을 못 보는 것은 아주 심각한 문제이다. 소변 못지않게 매일 대변을 보는 것은 아주 중요하다. 특히 환경호르몬에 노출이 많은 현대인에게 그렇다.

나는 매일 엄청난 양의 대변을 보고 있다. 이유를 많은 양의 채소를 먹는 것과 대변 보는 자세 때문이라고 생각한다. 우리는 보통 좌변기에 앉아서 대변을 본다. 그런데 이런 나의 대변 습관에 일대 변화가 생겼다.

나는 평상시 일을 아주 열심히 하듯이 여름휴가도 외국을 아주 빡빡한 일정으로 많이 돌아다니게 잡았다. 그런데 10년 전 몽골로 휴가지를 정했다. 10일간 초원에서 말 타고 쉬고만 오는 프로그램이었다. 너무 단조롭지 않을까 염려했지만 결론적으로 내가 경험한 휴가 중 최상의 휴가였다.

떠나기 전 내 몸은 최악의 상태였다. 하루 종일 어두운 곳에서 초음파를 보는 눈은 짓물러서 약으로 지탱하고 있었고, 몸은 한없이 가라앉고 있었다. 잘 나오던 대변도 양이 줄어들고 한 번에 제대로 나오지 않았다. 대변이 제대로 나오지 않으니 하루 종일 몸이 편한 상태가 아니었다.

그런데 몽골 초원에 가서 아침 일찍 일어나서 체조하고 명상하고, 밥 먹고, 말 타고, 낮잠 자고, 말 타고, 명상하기로 이틀 정도 지나자 몸은 씻은 듯이 개운해졌다. 대변은 초원에 땅을 파고 뒤와 옆만 가린 임시 화장실에서 해결했다. 앞은 드넓은 초원이 펼쳐져 있고 쭈그린 상태로 볼일을 봐야 했다.

그런데 느긋하게 쭈그리고 대변을 보자 엄청난 양이 쏟아졌다. 다음 날도 그다음 날도 마찬가지였다. 일이 끝날 때는 다리가 저려 절룩거리며 숙소로 돌아왔다. 배가 편함은 말할 나위도 없었다.

쭈그리고 보는 대변, 그건 실로 30년 만의 일이었다. 대학생 때까지 내가 살았던 집은 변소가 화변기였다. 쭈그리고 앉아 대변을 보다가 다리가 저린 기억을 가진 곳이었다. 그러다가 병원 생활, 결혼하고 아파트 생활을 하면서 대변은 좌변기에서 보는 것으로 자연스럽게 넘어왔다. 화변기는 구식이고 좌변기는 신식으로 생각했고 나는 이제 문명생활을 하니까 좌변기 생활이 당연하다고 생각했었다. 그런데 30년이 지났는데도 몽골에서 쭈그리고 앉아 대변을 보자 그 옛날의 본능이 되살아난 것이다.

사실 쭈그린 자세는 대장의 해부학적 구조를 봤을 때 대변을 보는 데 유리한 자세이다. 대장은 1.5m 길이가 되고 몇 차례 굴곡이 있지만 대변이 모이고 나오도록 조절하는 부분인 결장은 쭈그리고 있을 때 가장 자연스런 굴곡을 가지고 힘도 잘 받는다. 당연히 그냥 좌변기에 앉는 것보다 쭈그리는 것이 대변 보는 데 유리한 것이 사실이다.

몽골에서 일상으로 돌아오자 문제가 생겼다. 매일 아침 먹고 나서 일정 시간에 대변을 잘 보던 습관이 돌연 바뀌어버린 것이다. 좌변기에 앉으니 대변은 나왔지만 만족스럽지 못했다.

6년 전 한옥으로 병원을 지으면서 야외에 화변기를 설치했다. 좌변기와 화변기를 비교하면 확실히 나오는 양이 다르다.

하지만 모든 사람이 나같이 할 수는 없다. 좌변기에 앉더라도 다리 밑에 벽돌이라도 두면 쭈그리는 자세와 비슷하게 된다.

대변 이야기만 나오면 부끄러움 없이 이렇게 자랑하고 싶어진다.

기생충

과거 채소 키우는 밭은 인분을 비료로 뿌려서 위생적으로 깨끗하지 않았기 때문에 기생충이 있는 사람이 많았다. 우리들 초등학교 시절 일 년에 한 번씩은 대변 검사를 했다. 선생님은 대변 검사 결과를 큰 소리로 발표했고, 기생충이 있는 친구들은 부끄러움에 고개를 숙이고 앞으로 나가서 구충제를 한 움큼씩 받았었다.

그때 기억 때문인지 직접 키운 채소를 많이 먹기 시작하면서 누군가 내게 구충제 먹으라는 이야기를 했다. 채소에 약을 치지 않고 키우며 요리도 익히지 않고 날것으로 먹으니 기생충 감염 가능성이 많다는 얘기였다. 맞는 이야기인 것 같아서 구충제를 한 번 먹긴 했으나 그 이후에는 먹지 않는다. 일본에서 있었던 오래전 이야기가 떠올랐기 때문이다.

일본 도쿄 의과대학 기생충학과 후지타 고이치로 교수는 기생충 옹호론을 펼쳤다. 우리의 상식으로 기생충은 우리 몸에서 불필요한 벌레였다. 그래서 이제까지는 기생충을 완전히 없애는 것에 주안점을 두었다. 그런데 그는 오히려 기생충이 없어짐으로써 현대의 많은 성인병이 증가하고 있다고 주장했다.

논지는 이렇다. 성인병은 문명병이다. 너무 많은 영양분을 섭취하고 해로운 독소를 먹는 것이 문제다. 우리 몸에서 이런 불균형을 잡아주는 것이 기생충이다. 기생충이 과도한 영양분을 먹어치우기 때문에 비만을 줄이고 혈중 콜레스테롤 수치를 떨어뜨린다고 주장했다. 그는 자기주장을 연구하기 위해 촌충을 직접 자기 몸에 기르기도 했다. 촌충 구하기가 힘들어 불결한 생선을 사 먹는 노력 끝에 드디어 스스로 촌충에 감염되었다. 촌충이 자라면서 항문으로 떨어져 나오는 절편으로 연구를 계속했다. 배 속의 촌충에게 '기요미'라는 애칭을 붙였고 촌충 팬클럽도 생겼다. 그는 기생충뿐만이 아니라 기생충이 잘살 수 있는 장 환경을 만들어야 몸이 튼튼해진다는 주장을 하고 있다. 국내에서도 그의 주장은 많은 책으로 나와 있다. 『의사는 못 고쳐도 장은 고친다』, 『장내 유익균을 살리면 면역력이 5배 높아진다』, 『알레르기의 90%는 장에서 고친다』 등이 있다.

기생충이 알레르기와 연관이 있다는 연구도 상당히 많다. 아프리카에서는 알레르기 발병이 적고, 선진국에서는 알레르기와 연관된 질병이 많이 증가하는 이유를 기생충 감염과의 연관관계로 설명하기도 한다.

최근에는 기생충을 이용해서 암을 치료하는 연구까지 진행되고 있다. 기생충이 새로운 조명을 받는 이면에는 전체적인 부분을 균형 있게 보자는 의미가 있다.

우리 집에는 에어컨이 없다. 외지에 가서 대구에서 왔다고 하면 그 더운 곳에서 어떻게 사느냐는 얘기를 많이 한다. 하지만 나는 결혼 35년 동안 에어컨 없이 살았다. 병원에도 대기실에는 에어컨이 있지만 진료실에는 없다. 나는 그 땅에 사는 사람, 동물, 식물은 그곳의 기후를 그대로 느껴야 건강하다는 생각을 갖고 있다. 각 지역마다 기후는 다르다. 그 땅에 수천 년간 살아온 인간들은 그 땅에 맞게 몸이 항상성을 유지하도록 설계되어져 있다. 사계절이 뚜렷한 우리는 각 계절마다 기후를 느끼고 적응하도록 길들여져 있다. 더워서 못 살겠다, 추워서 못 살겠다가 아니고 제대로 덥고 추워야 건강하다.

동네에서 철공소를 운영했던 아버지는 여름은 덥고 겨울은 추워야 여름, 겨울 제철 장사도 잘되어 서민들이 돈을 만질 수 있고 경제가 제대로 돌아간다고 하셨다. 제대로 더워야 과일도 맛이 있고 곡식도 풍년이라고 하셨다.

몸도 마찬가지다. 더위, 추위는 다 이유가 있다. 현대인들이 너무 따뜻하고 시원하고 깨끗하게 생활하는 것이 요즘 발생하는 많은 병의 한 원인일 수도 있다는 주장에 약간은 동의한다.

여름이 힘들기는 나도 마찬가지다. 하지만 여름에 땀 흘리는 것이 건강에 좋겠다고 생각하면 견딜 만하다. 땀을 푹 흘리고 시원한 물에 샤워를 하면 몸은 날아갈 것같이 개운해진다. 에어컨이 주는 시원한 맛과는 비교도 안 된다.

나는 겨울에도 옷을 두껍게 입지 않는다. 장갑을 끼지도 않는다.

추위를 느끼다가 따뜻한 물에 몸을 담그면 모든 것이 아늑해지고 잠도 잘 온다. 원래 건강한 체질 탓인지, 나의 이런 습관 때문인지 잔병이 거의 없다. 겨울에도 감기나 독감은 거의 걸리지 않는다. 독감은 추워서 생기는 병이 아니라 약해진 신체 면역 때문에 생기는 것이다.

과거에는 위생 상태가 불량해서 생기는 병이 많았다. 하지만 요사이는 생활이 편안해지고 위생 상태가 너무 깨끗해서 문제다. A형 간염도 그중 하나다. 지금 성인들은 더러운 환경에 노출되어 살다 보니 자연히 A형 간염을 감기 앓듯이 스쳐 지나가서 대부분이 항체를 가지고 있다. 하지만 현재 젊은이들에게 A형 간염이 많이 생기고 있고 심한 증상을 동반하기도 한다. 너무 깨끗하게 키운 반작용이다.

우리가 이제까지 주위 환경에 대해 너무 몰랐다는 반성이 일어나고 있다. 인간에게 조금만 해로운 것이 있으면 기생충이라고 박멸하고, 우리가 원하는 식물에 방해되는 것은 잡초라고 전부 뽑아버렸다. 심지어 주위까지 전부 죽여버리는 제초제까지 나왔다.

우리 몸에는 많은 장기가 있다. 각 장기마다 하는 역할을 대부분 알고 있지만 무슨 역할을 하는지 아직 모르고 병만 일으키기 때문에 불필요한 장기라고 알려진 것들도 있다. 대표적인 것이 맹장으로 알려진 충수돌기다. 충수돌기염을 일으키기 때문에 과거에는 다른 수술을 하면서 건강한 충수돌기를 떼내기도 했었다. 그런데 요사이는 아마 면역 기능과 연관이 있다고 추정하고 예방적으로 제거하는 것을 권유하지는 않는다.

나는 우리 몸에 필요 없는 장기는 없다는 주장에 동감한다.

기생충, 잡초는 인간 입장에서 일방적으로 이야기한 것이고 사실 양쪽 다 공생 관계에 있다. 세상에서 불필요한 것은 없다. 서로 주고받는다. 이것들은 우리의 영양을 빼앗아가지만 우리가 무엇을 얻는지 생각해봐야 한다.

그렇다고 우리 몸에 기생충을 키우고 에어컨 없이 살자고 주장하는 것은 아니다. 주위 환경과 우리 몸이 스스로 균형을 맞추도록 하는 것이 건강을 지키는 기본 원칙이라는 것을 염두에 두자고 하는 말이다.

환경호르몬은 인간에게 새로운 도전이다. 안 그래도 다양한 영양소가 부실해진 먹거리 때문에 약해져 있는 우리 몸을 환경호르몬이 온통 혼돈스럽게 휘젓고 있다.

기존의 분석적인 접근이 아니라 전체적인 접근으로 해결책을 찾아야 한다.

빵

나는 빵을 좋아하지 않았다. 우선 빵은 밥같이 배가 부르지 않았고 빵을 먹으니 속이 불편했다. 그래도 일주일에 한 번, 주일은 빵을 먹었다. 평일과는 전혀 다른 형태의 식사를 즐기고 싶어서였다. 나한테는 일상을 벗어난 일종의 호사였다.

일요일 아침 늦은 잠에서 깨어나서 빵집에서 버터로 보송보송하게 갓 구운 빵을 사오고, 진한 카페라테를 만들어서 샐러드와 같이 브런치를 즐겼다. 뭔가 문화생활을 한다는 만족감은 있었지만 속은 그렇게 편하지 않았다.

어느 날 하루, 브런치를 준비하는데 그 전날 환자가 선물로 사준 케이크를 차 뒷자리에 두고 온 것이 생각났다. 빵은 내가 사왔으니까 아내에게 가져오라고 했더니 하는 김에 나보고 갔다 오라고 해서 티격태격하다가 서로 가지 말고 먹지 말자고 케이크는 차에 그냥 두었다.

그러고는 잊고 있다가 일주일이 지난 후 케이크를 발견했는데 상하시도 않았고 멀쩡했다. 호기심이 생겨서 한참을 더 두었는데도 케이크는 상하지 않았다. 처음에는 방부제 때문인가 생각했는데 아니었다. 설탕과 첨가물 때문이었다. 빵이나 케이크를 구워 본 사람들은 안다. 얼마나 많은 설탕과 버터가 들어가는지를. 그 일이 있은 이후 나는 빵도 비슷하게 불건강하다고 생각하고 관심을 끊었다.

유방암 환자들을 상담해보면 재미있는 현상을 발견한다. 환자들에게 유방암이 걸린 원인을 무엇이라고 생각하느냐 물으면 거의 100% 스트레스 때문이라고 얘기한다. 시집과의 갈등 때문에, 남편, 자녀 문제 때문이라고.

그러면 암에 걸린 당신이 무얼 해야 되느냐고 물으면 대부분은 어떤 좋은 것을 먹어야 하느냐고 되묻는다. 많은 유방암 환자들이 유행에 따라 홍삼이 좋다고 먹다가, 해조류를 먹기도 하고, 느릅을 먹기도 하고, 온통 관심은 좋은 먹거리에 있다.

스트레스가 많으면 명상을 해야지 왜 먹거리에 매달리는지는 이해가 되지 않았다. 하지만 환자들이 워낙 먹거리에만 관심을 보이니까 나도 자연히 음식에 관심을 갖게 됐다.

음식 상담을 하면서 보니 환자들은 이제 자기는 암 환자여서 커피나 밀가루로 된 음식, 특히 빵을 못 먹는다는 것을 가장 안타까워했다.

왜 밀가루 음식이 나쁠까 의문을 가졌다. 동양 사람이야 옛날부터 쌀을 먹었지만 서양은 오래전 식습관으로 빵을 먹었다. 현재 우리나라도 빵을 주식으로 먹는 사람이 50%가 넘었다는 통계가 나오는데 정말 밀가루가 몸에 나쁠까?

의문점을 정리해보았다.

밀은 우리나라 사람들에게 체질적으로 맞지 않는 서양 음식이라고 알고 있지만, 밀은 삼국시대부터 우리나라에도 있었다. 다만 재배 기후가 맞지 않았고 쌀, 보리에 비해 도정이 쉽지 않아서 널리 먹지 못했을 뿐이다.

밀은 도정이 어려워 흰 밀가루 만들기가 힘들다. 과거 미군정 시절 흰 밀가루가 들어오기 전에는 거친 밀가루뿐이었다. 그래서 잔칫집에서 흰 밀가루로 만든 국수는 귀한 음식이라서 손님 접대용으로 나오는 것이었다.

우리가 외국에서 수입하는 것은 밀가루가 아니다. 밀을 수입한다. 흔히 밀을 수입하면서 적도를 지나니까 농약, 방부제 처리를 많이 한다고 이야기한다. 하지만 수출하는 나라와 우리나라 모두 정당한 절차에 따라 그 과정을 공개하고 있다. 농약, 방부제 처리 부분은 정부에서 발표하는 그대로 믿는 것이 맞다고 생각한다. 농산물이 부패하기 위해서는 수분이 가장 중요한데 밀은 농산물 중에서도 수분이 10% 내외로 작아서 수입에 걸리는 15일 정도의 기간 동안 부패할 가능성은 적다. 더구나 요즘 화물선이 얼마나 발달했는데 적도를 지난다고 농산물이 더 빨리 부패할까?

밀가루의 글루텐에 대한 논란도 많다. 요즘 글루텐 프리 음식이 건강식으로 주목받고 있는데 과장된 부분이 많이 있다. 글루텐은 밀에 들어 있는 단백질이다. 밀가루에 효모를 넣어서 발효시키면 이산화탄소 가스가 나오고, 밀가루의 글루텐 구조 속에 가스가 갇혀서 폭신하고 쫄깃한 빵을 만들게 된다. 글루텐은 빵을 만드는 데 꼭 필요한 단백질이다. 글루텐이 안 좋다고 하니까 쌀로 빵을 만드는데 그건 떡이지 빵은 아니다. 빵 고유의 향기, 질감을 느낄 수 없다.

간혹 글루텐을 소화시키지 못하는 사람들이 있다. 우리나라 사람들은 아주 드물긴 하다. 이런 경우가 아니면 글루텐이 건강에 해롭지는 않다. 글루텐 프리 음식에 대한 논란 또한 식품 마케팅 측면이 강하다고 본다.

앞서 썩지 않는 케이크 얘기를 했지만 도넛이 썩지 않는다는 보도도 있어서 많은 사람이 빵을 기피한다. 사람들은 단순히 빵에 방부제를 많이 쓰기 때문이라고 단정짓지만 복잡한 문제가 있다. 빵집만의 문제도 아니고 모든 식품과 마찬가지로 빵도 상업적으로 대량생산을 하게 되면서 생기는 문제다.

물론 소비자가 좋아하는 입맛에 맞추는 것이 가장 큰 원인이다. 빵이 부드럽고, 색깔 좋고, 맛있어야 잘 팔린다. 그러다 보니 설탕도 많이 들어가고, 기름과 물이 잘 섞이게 유화제도 넣어야 한다. 상하지 않는 것은 밀이나 방부제를 넣는 문제가 아니라 유통시키고, 잘 팔리고, 맛있도록 넣은 첨가물 때문이다. 강정이나 유과도 튀기고 설탕에 절인 경우 몇 달이 지나도 상하지 않는 것과 같은 논리다.

병원 한편에서 빵을 구운 지 7년이 지났다. 매주 건강한 빵을 굽고 있다. 통밀을 사용하고 버터, 설탕이 들어가지 않고, 소금만 조금 들어가는 빵이다.

병원에 오는 환자를 위해서 한 번씩 빵을 내고 있다. 빵이 나오는 날은 환자 대기실 분위기가 아주 좋다. 남는 빵들은 주위에 그냥 나눠주고 있다.

빵을 구우면서 느낀 점은 우리나라 사람들이 예상했던 것 이상으로 빵을 좋아한다는 것이다. 버터나 설탕이 들어가지 않아서 맛없다고 생각할 것 같았는데 의외로 맛에 대한 평가가 좋았다. 특히 어린아이들도 고소하다고 대체로 좋아했다. 아이들은 달고 맛있는 것만 찾는다고 생각했는데, 부모들이 잘만 챙기면 아이들 입맛 들이기는 쉽겠다는 생각을 했다.

빵을 가져가는 사람들이 늘어나고 소문이 퍼지자 공짜로 먹기는 그렇고 파는 것이 어떻겠냐는 제안이 많았다. 그래서 원가 분석을 해보았다. 재료비, 인건비를 최소로 잡아도 기존 빵집에서 파는 것보다 2.5배는 받아야 할 것 같았다. 그렇게 받아도 월 이익이 눈곱만 한 수준이었다. 하루 8시간 몸 고생하고, 이익도 적고, 공짜로 줄 때야 무엇이든 맛있다고 할 텐데 돈을 받는 순간 불평도 나올 것이고. 무엇보다도 떡집을 열어서 망해 본 경험이 도움이 되었다. 빵집도 여는 순간 망할 것 같았다. 망하지 않기 위해서는 그냥 나누어주는 것이 답이라고 생각한다.

이제 나는 밥 대신 빵으로 자주 식사를 한다. 배부르고 맛있고, 우아하다. 이제는 과거와 같이 빵을 먹어도 속이 더부룩하지 않다. 오히려 떡을 먹으면 속이 더부룩하다. 먹어서 속이 불편하고 불건강하다는 것은 밀이나 쌀의 문제가 아니다. 떡이나 빵을 만들면서 대량생산하고 변해가는 소비자들 입맛에 맞추기 위해 들어가는 첨가물 때문이다.

밀가루가 건강에 안 좋은 것이 아니었다. 통밀로 만든 빵에 샐러드를 충분히 곁들여서 먹으면 건강한 기준에도 전혀 손색이 없다. 설탕이나 버터가 잔뜩 들어간 빵에 당분이 농축된 잼을 발라서 먹으니 열량이 많을 수밖에 없다.

나는 빵을 대접할 때 그냥 구운 빵에 샐러드가 전부다. 가끔씩 잼은 없느냐고 묻는 사람들이 있다. 그런 사람은 내가 빵을 나누어주는 명단에서 제외된다. 빵 고유의 맛을 느껴야지 잼 맛으로 먹는 것은 내 기준에 맞지 않기 때문이다.

음식물 쓰레기

채식을 시작하자 음식물 쓰레기가 엄청 많이 나왔다. 아파트 분리함에 음식물 쓰레기를 버리는데 이상한 점이 있었다. 처음에는 무엇이 음식물 쓰레기인지 구분이 어려웠다. 혼돈되는 부분이 있어서 음식물 쓰레기를 나누는 기준이 무엇인지 찾아보았다.

나라마다 달랐다. 다른 이유는 음식물 쓰레기를 어떻게 보느냐 하는 관점에 따라 달라진다는 데 있다. 선진국 대부분은 음식물 쓰레기를 환경적으로 생각해서 다시 퇴비로 만들 수 있느냐 없느냐에 따라 나눈다. 우리나라는 동물 사료로 만들 수 있느냐에 따라 나눈다. 그러니까 같은 채소라도 딱딱한 물질이나 옥수수 껍데기, 달걀껍질 등은 음식물 쓰레기가 아니다. 당연히 생선이나 고기 등도 아니다.

그런데 사람들이 혼동이 되니까 적당히 통에 넣어 버린다. 고기나 생선 내장이 들어 있는 경우도 많다.

각 지역에서 모인 음식물 쓰레기는 처리하는 장소가 따로 있다. 음식물 쓰레기는 두 가지 방법으로 처리한다. 매립하거나 동물들 사료로 재활용한다.

땅에 매립하는 것은 간단하지만 문제가 많다. 매립 장소를 구하는 것도 문제이고, 매번 매립 장소와 가격 협상을 해야 하는데 가격이 맞지 않으면 수거를 못해 쓰레기 대란이 일어나기도 한다. 무엇보다 침출수가 나오고 환경오염 문제가 심각하다.

현재 많은 음식물 쓰레기를 가축 사료용으로 활용한다. 주민들이 정확하게 음식물 쓰레기를 분리한 것도 아니고 온갖 쓰레기가 마구 섞여 있는 것을 어떻게 분리하고 재활용하는지 현장을 가보았다.

재처리하는 현장에 가 보고 나는 기겁을 했다. 어지럽게 수거된 음식물 쓰레기를 다시 정확하게 재분류한다는 것은 애당초 불가능했다. 대충 정리가 되면 거대한 기계에 들어가 갈고 처리하는 과정을 거쳐서 동물들 사료로 재탄생되었다. 고기도 섞여 있을 텐데 동물 사료로 먹여도 되는지 의문이었다. 한 번씩 보도되는 광우병과는 무관한지 의문도 들었다. 앞으로 좀 더 공부할 숙제로 남았다.

무엇보다 엄청난 에너지를 사용해서 음식물 쓰레기가 처리되고 있다는 사실이었다. 일 년에 500만 톤에 달하는 음식물 쓰레기 처리 비용만 9,000억 원이다. 음식물 쓰레기를 퇴비로 사용하지 않음으로써 또 다른 환경오염을 일으키는 문제 등은 제외한 수치이다.

나는 마당이 있으니까 음식물 쓰레기를 퇴비화하기로 했다. 물질이 부패되는 것과 발효되는 것은 차이가 있었다. 썩는 것이 아니라 미생물에 의한 퇴비를 만들기 위해서는 미생물이 좋아할 만한 상태를 만들어줘야 한다. 미생물이 활동하기 위해서는 적당한 온도(25도 내

외), 수분(한 번씩 물을 줘야 한다), 공기(가끔씩 뒤집어줘야 한다), 영양분(질소와 탄소가 비율 3:1)이 맞아야 한다. 사실 상당히 까다로워서 실천하기가 힘들었다.

간단하게 처리하는 방법을 알아보니 전 세계적으로 몇 가지가 있었고 저마다 장단점이 있었다. 마당에 컴포스트 장비를 설치하고 생기는 음식과 발효제를 넣는 방법은 미국에서 많이 하는 방법이고 쉬웠다. 그런데 발효제 구입비가 들어가는 단점이 있다.

시중에서 파는 음식물 쓰레기 기계는 초기 구입 비용이 들어서 그렇지 효과는 꽤 믿을 만하다. 대신 부엌에 두기에 부피가 크다.

요사이 새 아파트에서 개수대에 부착되어 있는 음식물 쓰레기 처리 분쇄기는 아주 쉽게 각 가정에서 사용하지만 분쇄된 내용물이 하수 처리장에 가서 처리되므로 엄밀한 의미에서 재활용하는 것은 아니고 그냥 다른 에너지를 사용해서 처리하는 방법이다.

나는 여러 가지 처리 방법을 모두 사용하고 있지만 가장 많이 사용하고 효율적인 방법은 땅에서 지렁이를 이용한 처리 방법이다. 마당 구석 1m×1m 정도의 흙만 있으면 된다. 생기는 음식물 쓰레기는 가능하면 채소 위주여야 한다. 음식물과 낙엽, 흙, 쌀겨 등을 적당히 섞어서 두고, 정원에 물을 줄 때 한 번씩 수분을 공급하고 일주일에 한 번 뒤집어준다. 추운 겨울에는 비닐을 씌워 일정 온도를 유지시켜줘야 한다.

지렁이를 따로 넣은 것도 아닌데 몇 달이 지나자 자연스레 손가락

굵기의 지렁이가 제법 보였다. 지렁이가 먹어치우는 양이 얼마나 엄청난지 며칠이 지나면 음식물 쓰레기가 흔적도 없이 분해된다. 그렇게 우리 집 많은 음식물 쓰레기의 거의 90%를 해결한다.

상당히 의미 있는 일이고 대규모로 이런 방법을 퍼뜨리는 것이 좋을 것 같아서 자료를 찾다가 지렁이 박사를 만났다. 우리나라 지렁이 연구 1인자로 국립환경과학원에 근무하다가 퇴직해서 경기도 고양시 일산에 지렁이 농장을 만들어서 아직 활발히 활동하고 있었다.

초청해서 강연도 듣고 의견을 나누다 보니 지렁이에 대한 일은 사회적으로 굉장히 의미 있는 일인 것 같았다. 그런데 지렁이 박사는 평생 동안 이 일에 매달렸는데 상당히 힘들다고 했다.

지렁이가 유익하다는 것은 모두 알고 있지만 징그러운 문제, 그리고 음식물 쓰레기를 처리하는 과정이 동물 사료로 만들기 위해 이미 산업화되어 있어서 그 구조를 바꾸는 것이 어렵다는 말이었다.

나는 당장 우리 동네에 적용시켜 보기로 했다. 요사이 도심에서 빈집들이 나오면 시에서는 주차장 용지로 만들고 세금 혜택을 주고 있다. 그렇게 만든 주차장은 주차난을 해결하는 것이 아니라 금방 더 많은 차들을 불러들이고 또 다른 주차난을 불러오고 환경을 오염시킨다.

그래서 각 동네마다 주차 한 대 면적만 지렁이 밭을 만들자고 제안했다. 그럼 음식물 쓰레기는 누가 모으는가? 노인들을 이용하면 된다. 각 동사무소(주민센터)마다 아침이면 노인들이 모여 있다. 공공 근

로를 시키고 돈을 나누어준다. 그렇게 생산적인 일은 아닌 것 같았다. 그냥 돈 주기는 뭐 하니까 동네 쓰레기나 줍도록 일을 시키는 것 같았다.

이런 노인들을 이용해서 각 집마다 음식물 쓰레기를 수거하고 분류하고, 한 번씩 물도 주고, 퇴비를 뒤집어주면 좋겠다고 했다.

옛날 우리들 자랄 때 각 동네마다 음식물 쓰레기를 수거해 가는 사람들이 있었다. 돼지 키우는 사람들한테 갖다 준다고 했다. 그때는 그렇게 음식물 쓰레기가 재활용되었다.

만약 이런 활동을 하면 지렁이 박사는 자기가 직접 나서서 지렁이가 잘 자랄 수 있도록 장소를 만들어주겠다는 제안까지 했다.

그런데 일이 쉽게 추진되지 못했다. 정책 당국을 설득하는 일이 생각보다 쉽지 않았다. 하지만 장기적으로는 추진하고 싶은 아이템이다.

일전에 방문한 영국 런던에서는 이런 방법을 이용하고 있었다. 런던 북동쪽 변두리에 있는 해크니 시티 팜Hackney City Farm이었다. 주민들이 나서서 빈터를 텃밭으로 만들고, 음식물 쓰레기를 재활용하고, 건강한 음식을 제공하는 식당도 운영하면서 주민들 교육도 담당하고 있었다.

내가 이렇게 음식물 쓰레기 처리에 매달리는 이유는 음식물 쓰레기를 매립하든지, 소각하든지 그 과정에서 환경호르몬 유출과 많은 관계가 있기 때문이다.

물론 음식물 쓰레기로 인한 문제점은 정부에서도 누구보다 잘 알고 있다. 최근에는 음식물 쓰레기 종량제를 실시해서 25%나 양을 줄였다는 보고도 있고, 음식점에서 잔반 남기지 말자는 캠페인을 벌이기도 한다.

하지만 이것만으로는 부족하다. 각 가정에서 음식물 쓰레기를 줄이고, 식당에서 잔반을 줄이자는 캠페인만으로는 안 된다. 음식물 쓰레기 처리 비용, 환경호르몬으로 말미암아 발생하는 질병 치료 비용 등을 줄이자는 1차적인 의미도 있지만, 나는 현재 우리에게 닥친 환경호르몬의 위험성을 줄이기 위한 첫걸음으로 시작하자고 제안한다.

요리

나는 고기를 많이 먹었고(보통 5~6인분), 먹는 음식량이 많아서 체중이 많이 나갔지 원래 먹는 형태는 건강식이었다. 라면에도 수프를 넣지 않고, 곰탕에도 소금 없이 그냥 김치로 간을 맞추었다.

남들이 보기에도 내가 먹는 음식은 좀 별났다. 내가 "야 이거 정말 맛있는 거다." 아니면 "내가 기찬 맛집을 알았는데 오늘 갈까?" 그러면 아내를 포함한 아이들은 딱 감을 잡는다.

"아! 맛없는 것."

그러다가 내가 현미채식까지 시작하니 아내가 많이 불편해했다.

아내가 하는 반찬이 내 입맛에는 강하게 느껴지기 시작했다. 결국 식사 준비는 내가 해야겠다는 결론을 내렸다. 생전 요리를 해본 적도 없었고, 환자를 보고 나면 요리를 할 시간이 없으니까 내 요리는 간단할 수밖에 없었다. 주로 생식 비슷한 형태였다. 현미밥 한 그릇과 큰 그릇에 다양한 채소를 준비해서 새콤달콤한 키위 같은 과일이나 효소 엑기스를 넣으면 그것이 반찬이었다. 연근, 우엉 같은 뿌리나 두부 같은 것은 그냥 삶아서 소금이나 장에 찍어 먹었다.

처음 요리를 하니 부엌에서 맛에 대해서 아내와 자꾸 부딪쳤다.

음식은 기본이 맛인데 내가 하는 음식은 맛이 없다는 것이었다. 처음에는 맛에 대해 나도 완강하게 주장을 폈다. 내가 건강한 음식이라고 강력하게 이야기를 해도 식구들을 포함해서 대부분 사람들이 단지 맛이 없다는 것만으로 시큰둥했다. 나를 뺀 모든 사람이 잘못 알고 있는 것이고, 나는 건강을 책임진 의사이므로 사람들을 설득해서 바꾸어야 한다고 생각했다.

시간이 지나도 사람들의 맛에 대한 습관은 쉽게 바뀌지 않았다. 아무리 이것이 건강에 좋다고 내가 떠들고 다녀도 사람들은 요지부동이었다. 결국 사람들을 설득하기 위해서는 내가 방식을 바꿔야 했다.

내가 건강하기 위해 직접 요리를 하는, 남들을 설득하기 위한 요리를 시작했다. 하지만 요리도 내 형편에 맞게 바꾸었다. 원칙은 간단했다.

- 건강한 음식이어야 한다.
- 조리가 간단해야 한다.
- 기본 음식 재료의 형태를 유지한다.

이런 요리를 가지고 앞으로 대중적으로 어떻게 접근할 것인가 하는 문제가 내가 고민할 부분이다.

그런데 맛에 대해서 일반 사람들이 알아야 할 부분이 있다. 사람들은 점점 옛날 맛을 잃어가고 자극적인 맛에 길들여져 있다.

병원에서 빵을 만들어 나눠 먹을 때 많은 사람이 옛날 옥수수빵에 대해서 얘기했다. 우리들 세대는 초등학교 시절 미국에서 원조로 들어온 옥수수 가루로 만든 빵을 급식으로 먹었다. 가루우유를 주전자에 풀어서 따뜻하게 데운 우유 한 잔과 옥수수빵 생각은 향수를 불러왔다.

나도 그리웠다. 주위에서도 옛날 옥수수빵이 그립다고 한 번 구웠으면 좋겠다는 요구가 많았다. 그래서 옥수수 가루를 구해서 빵을 만들었다. 그런데 그 맛이 아니었다. 사람들에게 나누어주어도 옛날 맛이 아니라고 했다. 옥수수 가루가 잘못되었는가 해서 수입되는 미국 옥수수 가루 여러 가지를 구해서 구워도 보았다. 그래도 아니었다.

그러던 어느 날 저녁, 남아 있던 딱딱한 옥수수빵을 씹어 먹는 순간 나는 느꼈다. 옛날 맛이 맞았다. 어렴풋하지만 옛날 맛이 분명했다. 우리 입맛이 변해서 몰랐던 것이었다.

단술을 만들 때 옛날에는 질금(엿기름)만 넣어도 달다고 했었는데, 이제는 많은 설탕을 넣어도 싱겁고, 감미료를 넣어야 만족하는 실정이다. 내가 떡집을 하면서 사람들 입맛이 변했다는 것을 깨달은 교훈이기도 하다.

요즘 밖에서 먹는 음식들이 옛날에 비해 너무 달고, 맵고 자극적이다. 고객 입맛에 맞추다 보니 이런 자극성은 해마다 점점 심해져 간다.

이렇게 변해가는 사람들의 입맛을 어떻게 내 건강 음식과 맞출까 고민이다. 내 요리가 변할 것이 아니고 사람들 입맛이 바뀌어야 하는데 참 어렵다. 같이 사는 아내도 내 요리가 맛없다고 하는데. 그래서 요즘 새로운 요리를 시작하면 아내한테 먼저 맛을 보이고 자문을 구한다.

집밥

사람들이 음식에 대한 상담을 하러 오는 경우 먼저 일반적으로 하루 동안 무얼 먹는지 기록하도록 한다.

젊은 직장인 경우 집에서 간단히 아침을 먹고 점심은 가까운 곳에서 사 먹고, 저녁은 외식을 하는 경우가 많다. 주부들은 비교적 집밥을 잘 먹지만 직장생활을 하는 경우 집밥을 챙겨 먹는 것이 쉽지 않다.

나는 항상 집밥을 강조한다. 사 먹는 밥은 가격을 생각하고 소비자 입맛에 맞춰야 하기 때문에 부실할 수밖에 없다. 식당 잘못은 아니다. 어쩔 수가 없을 뿐이다.

요사이 식당에서 소금 양을 적게 사용하자는 운동을 벌이고, MSG도 얼마나 사용하는지 관심이 많지만 이것은 지엽적인 문제다. MSG가 우리 몸에 얼마나 해로운지가 중요한 것이 아니라 재료의 부실함을 MSG나 식품첨가물이 가릴 수 있다는 본질적인 문제를 따져야 한다.

식품첨가물 전문가는 어떤 부실한 음식 재료를 가져오더라도 자기는 싱싱하고 색깔 좋고 맛있는 음식으로 만들 수 있다고 자신한다.

그만큼 산업화된 음식 시장에서 첨가물의 위력은 대단하다.

일반적인 직장인의 식사 형태면 하루에 평균 50~70종류의 식품 첨가물을 먹고 있다고 보고하고 있다. 물론 이런 첨가물은 국가에서 관리하고 안전하다고 허가를 해준 물질이다.

하지만 이런 첨가물은 100% 안전하다는 보장이 없다. 따라서 줄일수록 좋다.

현재 이상한 병들이 많아지고, 미세먼지를 포함한 환경호르몬에 대한 걱정이 많아지고, 일반인들이 건강에 대한 관심도 많아졌지만 제대로 된 지침이 없다. 미세먼지에 대해 기껏해야 예보를 점검하고 마스크를 착용하라는 경고밖에 없다. 하루에 몇 천 원 하는 마스크 부담을 감당 못하는 계층은 어떻게 할 것인가?

먹거리에 대해서도 국가가, 사회가 아니면 회사에서 챙기는 것이 가장 이상적이다.

회사 중에 가장 잘된 시스템을 알아보니 미국 샌프란시스코에 있는 구글 회사였다. 마운틴 뷰 넓은 언덕에 자리 잡은 구글은 직원들을 위해서 수십 개의 식당을 24시간 운영하고 있으며, 건강한 음식에 따라 등급을 매기고 직원들에게 알려준다고 한다.

근무하는 직원만 알면 회사에 들어가고 구경할 수 있다기에 소개를 받아서 구글 회사에 갔다. 소문대로 식당은 잘 되어 있었다. 종류별로 많은 수의 식당이 장소를 달리해서 구석구석에 자리 잡고 있었다. 내용 또한 훌륭했다. 맛에 초점을 맞춰서 메뉴가 정해지지만, 적어도 불건강한 음식은 허리를 굽히고 조금은 불편하게 먹을 수 있도록 배려를 해놓았다. 음식을 선택하고 먹으면서 자연스럽게 건강한 음식을 인식하도록 해놓았다.

회사나 학교, 사회가 이런 시스템에 관심을 기울여야 하지만 우리는 아직도 저마다 알아서 건강한 음식을 챙겨야 한다. 그래서 나는 우선은 집밥을 주장하는 것이다. 그렇다고 거창한 밥상을 권하는 것은 아니다.

일단 어떤 밥상이든지 스스로 시작해보라고 권유한다. 고기를 구워 먹어도 되고, 기름에 튀겨 먹어도 되고, 짜고 맛있게 요리해 먹어도 된다. 집밥을 먹다가 보면 신선한 재료를 구하는 것에 관심을 갖게 되고, 어떤 것이 더 건강한 밥상인지 생각하게 된다. 그렇게 조금씩 변해가면 된다.

음식 대접

병원 뒤쪽에는 2층 목구조 건물이 있다. 1층은 다다미방이 있는 일본식 가옥이고 차를 마시는 공간이다. 2층에는 건강한 빵을 굽고 음식을 할 수 있는 넓은 공간이 있다. 이름은 '한입 별당'으로 지었다. 한입 먹는 음식이 중요하고, 말 한마디도 조심해서 하자는 의미다.

흔히들 누가 여기에 올 수 있느냐고 묻는다. 건강한 생각을 가진 사람들은 누구나 올 수 있다. 이 공간에서 지켜야 하는 원칙 한 가지는 있다. 부정적인 말이나 남의 욕은 하지 말아야 한다. 아내와 둘이 있을 때도 이 원칙을 지키고자 하지만 이게 생각보다 쉽지 않다. 가능하면 그렇게 긍정적인 이야기만 하려고 노력하고 있다.

내가 요리를 시작하면서 손님도 많아졌다. 이제 나 혼자 4~5명 요리는 쉽게 준비한다. 목적은 요리가 중요한 것이 아니고 모임이 주가 되도록 하자는 것이다. 음식점 요리를 생각하고 오는 분들은 실망할 수 있다. 너무 간단하고 맛이 없을 수가 있기 때문이다.

과거에는 우리나라도 친구들 집에 가서 밥이나 차 한잔 하는 경우가 많았다. 그런데 현재는 집으로 같이 밥 먹자고 초대하는 경우가 점차 드물어졌다. 과거에는 테이블 세팅도 없었고, 따로 준비하는 시간을 많이 들이지도 않았다. 그저 밥숟가락 하나 더 얹으면 된다는 개념이다 보니 지나가다가 들러서 같이 식사를 하곤 했다.

그런데 청소에 신경 쓰고, 메뉴에 신경 쓰고, 격식에 신경 쓰다 보니 손님 초대가 쉽지 않게 되었다. 서로 쉽게 초대하고 쉽게 남 집에 갈 수 있는 목적만 살리자는 의미로 생각했다. 준비하는 내 입장에서도 초대하는 사람이 너무 번거로우면 계속 못하기 때문에 준비하는 원칙을 정했다.

- 간단하게 준비한다.
- 준비 시간은 한 시간을 넘지 않도록 메뉴를 정한다.
- 손님은 음식 준비를 돕기도 하고 그릇을 나르기도 한다.
- 설거지는 같이 한다.
- 오는 사람들도 그냥 와인 한 병 정도 들고 오면 된다.

2년 전부터 조금 더 의미 있는 식사를 준비했다.

지금까지 나는 여러 사회 활동을 하면서 좋은 사람들을 많이 만났다. 시간이 지나면서 좋은 뜻이 꺾인 사람도 있고, 아직도 원칙을 지키면서 힘들게 일을 지속하는 사람도 있다.

현대사회가 가치보다 돈을 점점 중요시하는 방향으로 가는 것이 나는 싫었다. 가치 있는 일을 하는 사람들은 보상을 바라지 않는다. 인정만 해주면 된다. 그래서 사회에 가치 있는 일을 하는 사람들에게 내가 직접 밥 한 끼 대접하기로 했다. 아는 사람도 있었고, 소문이나 신문을 통해서 소식을 접한 사람도 있었다. 메뉴 역시 소박하고 건강한 밥상이다.

그 손님 중 한 명, 천규석 선생이다. 알고 지낸 지는 20년 되었다. 1960년대 서울에서 대학을 마치고 고향인 경상남도 창녕군으로 귀농해서 농사를 짓고 평생 환경운동을 한 분이다. 『녹색평론』이란 책을 펴내고 1990년에는 한살림 조합을 만드는 데 일조하셨다. 1980년대 환경, 특히 무너져가는 농촌에 대한 글들은 사회에 많은 울림을 줬다. 원칙론자이고 기개가 대단한 분이다. 그 당시 무너져가는 환경에 대해 경고한 글들을 보면 지금 그대로 진행되고 있는 현실이다.

한살림 조합 만들 때 정신은 간단했다. 중간 상인 없이 농민이나 소비자가 직접 거래하면서 같이 살자는 운동이었다. 지금도 소비자들은 안전한 먹거리를 찾고 있고 불안감은 여전하다. 농산물 가격도 그렇게 싸지 않다. 농민들 입장도 마찬가지로 불만이다. 농산물은 항상 노동 값도 나오지 않는 저렴한 가격이다. 생산을 해도 판로가 안정화되어 있지도 않다. 농민은 판로 걱정 없이 건강한 먹거리를 생산하고, 소비자는 제대로 값을 지불하고 건강한 농산물을 먹자는 것이 조합 설립의 주목적이었다.

논리는 아주 쉬웠지만 그리 간단하지 않았다. 우선 농민이나 소비자가 의식이 있어야 하는데 서로가 자기 이득만 생각했기 때문에 여정은 쉽지 않았고, 지금도 한살림의 명맥은 유지되고 있지만 본래 취지는 거의 무너졌다.

예를 들면, 소비자들은 매월 몇 만 원씩 회비를 낸다. 일정 회원이 있어야 이 회비로 농민들의 안정적인 수입이 보장된다. 그런데 농산물은 수확 때까지 변수가 워낙 많다. 가뭄이나 홍수가 나기도 하고, 병충해가 기승을 부리기도 하고, 수확을 앞두고 우박이 쏟아지기도 하고, 수확 전날 냉해가 닥쳐서 농산물이 깡그리 얼어버리는 경우도 생긴다.

그러면 소비자들은 농산물을 못 받게 된다. 대부분의 소비자는 항의를 한다. 내가 건강한 농산물을 얻어먹겠다고 매달 회비까지 냈는데 갑자기 아무것도 못 받는다고 하니 이해를 못하는 것이다. 당연한 불만이다. 그런데 농부들 입장에서는 자기들 잘못도 아니다. 농산물의 특성이 그런 것이다.

상호 간에 이런 상황에 대한 이해가 없으면 이 관계는 깨어지게 되어 있다. 내가 돈을 얼마 냈으니까 주기적으로 어느 정도 받아 먹겠다는 인식을 가지면 어쩔 수가 없다. 농산물에 대한 변수를 생각하고, 값으로 칠 수 없는 농산물의 가치 등을 생각해야 하는데 이것까지 이해하자는 것은 상당히 이상적인 이야기이고 쉬운 현실은 아니다.

현재 여러 가지 생활협동조합이 있지만 규모가 커져서 초기의 이런 원칙을 지키지 못한다. 전국적으로 수많은 조합원을 상대해야 하기 때문에, 좋은 농산물이라기보다는 그렇게 나쁘지 않은 농산물을 대량으로 납품 받아서 유지하고 있는 실정이다. 그렇다고 나무랄 수는 없는 상황이다.

하지만 천규석 선생님은 이런 변화를 용납하지 못한다. 이제는 힘이 빠진 노인이지만 아직도 꼬장꼬장하다. 변하지 말아야 할 농부들의 원칙에 대해 엄격하다. 나는 이런 모습이 보기 좋다.

따뜻한 밥 한 끼 내가 해드렸다. 본인은 힘들지만 이런 원칙을 지금까지 지켜준다는 것이 나에게는 스승같이 고맙다. 아직도 혼자 농사를 짓고, 한살림 사무실에도 나온다. 한 달에 한 번씩 전국에 있는 제자들이 모인다고 한다. 10여 명이 몇 시간씩 차를 몰고 선생님을 보러 온다. 제자들은 힘든 원칙을 지키면서 농사를 짓기 위해 마음을 가다듬는 시간이라고 했다.

천규석 선생님에게 물었다.

"진정한 농사꾼을 소개해줄 수 있습니까?"

"왜 그래요? 요사이 참 농사꾼이 잘 없는데, 생각해볼게요."

"땅과 사람 몸이 비슷한 것 같은데, 땅에 대해 많은 고민을 해본 농사꾼이 있으면 의사로서 환자를 보는 데 많은 도움을 받을 것 같습니다."

며칠이 지나 그렇게 소개받은 분이 전라남도 해남에 사는 농부다.

해남 농부

해남 농부는 한 달에 한 번 공부 모임이 있으면 네 시간 차를 몰고 대구에 온다. 대구에 공부하러 온 농부를 만나고 난 후 나는 해남을 방문하기로 약속했다. 현장을 보고 싶었기 때문이다.

한국에서도 땅끝 마을인 해남 길은 멀었다. 해남은 농사짓기에 좋은 지역이라고 한다. 흙은 찰흙이라 뿌리가 단단하게 자랄 수 있어서 좋고, 겨울에도 기온이 비교적 따뜻하기 때문에 시금치 등 겨울 채소들을 재배할 수가 있다고 한다. 농산물이 자라기에 좋은 조건, 즉 흙, 바람, 온도, 태양 등 좋은 자연환경을 다 갖추고 있어서 농사꾼들이 많이 모여 있었다.

농부는 해남이 고향은 아니었다. 장소를 물색하다가 10년 전 이곳에 자리를 잡았다. 직접 짓고 수리해온 토담집은 아직까지 찬바람이 숭숭 들어온다. 수지를 맞추기 위해서는 규모가 있어야 된다고 판단하고 토지 1만 평(3만 3058m²)을 부부 둘이서 농사를 짓는다.

내가 제대로 농사짓는 모습을 보기 위해 왔다고 하니까 미안하고 부끄럽다고 했다. 자기는 그런 평가를 받을 만한 농부는 아니라는 거였다.

“흔히 지속 가능한 농사를 이야기합니다. 지속 가능하기 위해서는 어떻게 해야 할 것인가? 기계를 쓰지 않고, 농약을 치지 않고, 농작물을 돌려가면서 심고, 화학비료를 주지 않고, 퇴비를 사용하는 것이 원론적으로는 맞지만 과연 지속 가능한 농업일까? 고민을 많이 했습니다.”

식물이 잘 자라는 데 흙이 제일 중요하다. 좋은 흙이란 벌레가 많이 살고 물기가 있고 부드러워야 한다. 그러기 위해서는 농사에 기계를 쓰면 안 된다. 무거운 트랙터로 땅을 갈아엎으면 그 밑의 흙은 단단해져서 미생물도 못 살고 밑에서 물도 못 올라온다. 결과적으로 갈아엎은 딱딱한 흙에는 영양이 되도록 비료를 줘야 한다.

식물 사이의 잡초는 뽑아야지 비닐로 멀칭mulching을 하면 안 된다. 그런데 일일이 손으로 잡초를 뽑는 것은 거의 불가능하다. 많이 하는 비닐 멀칭은 쉬운 방법이지만 비닐에 갇힌 땅의 온도가 높아져서 땅의 미생물들이 살기 힘들고 항상 땅과 비닐 사이는 습기가 있다. 땅 표면에 습도가 충분하면 식물의 뿌리가 물을 찾아 깊이 들어가지 않는다.

흔히 알고 있는 이런 원칙을 지키면서 경제적으로 농산물을 생산하는 것은 불가능하다. 그런데 세상을 살다 보면 불가능한 일을 우직하게 밀어붙이는 사람들을 종종 보게 된다. 답답하지만 참 감동이다.

해남 농부는 자기는 그렇게까지 못하는데 우직하게 이런 원칙을 지키는 이웃이 있다고 데리고 갔다.

600평(1984m²)이나 되는 밭을 기계도 없이, 풀도 일일이 손으로 뽑고, 농약도 치지 않고, 병아리를 손수 부화해서 마당에서 닭을 키우고 있었다. 일 자체가 너무 힘들고, 아이들 키울 비용조차 나오지 않아서 많은 고민을 하고 있지만, 오기 때문에 스스로 무너지지 말자고 버티고 있는 이웃을 보니 내가 미안했다.

하지만 해남 농부는 현실과 타협한 결과로 자기는 이렇게 농사를 짓고 있다고 했다.

"1만 평이나 되는 농사를 짓는 이유는 살아남기 위해서입니다. 규모가 있어야 버틸 수 있습니다. 기계의 힘을 빌리고 퇴비를 주로 쓰지만 유기질 비료의 도움도 받고 있습니다. 항상 마음 한구석에 미안함이 있습니다."

미안한 것이 왜 농부의 잘못일까? 얘기하면서 현실을 알수록 농부 혼자 잘못한 것도 아니고 우리 모두의 잘못이란 생각이 들었다.

나는 사람이 미안함을 아는 것은 잘못이 아니라고 생각한다. 세상 모든 일이 부조리하고, 불합리하고, 불평등한 것이 아닌가? 어느 분야든지 현실과 이상 사이에서 고민하는 것은 맞다고 생각한다. 아무 고민 없이, 아무런 자책도 없이 남들이 하는 대로 따라가는 것이 잘못된 것이다.

이런 고민은 우리 의료 현실에서도 가끔 있는 일이다.

후배 의사는 학생 시절부터 원리 원칙주의자였다. 이른바 꽉 막힌 친구였다. 수련을 받고 개업을 했는데도 항상 힘들었다. 상담과 진찰을 충분히 하면 피검사나 사진을 찍을 필요가 없다고 생각하고, 약도 꼭 필요한 경우에만 처방을 해준다.

환자가 머리가 아파서 온다. 후배 의사는 머리 아픈 경우 99%는 뇌의 문제가 아니고 설령 문제가 있다고 하더라도 의사가 자세히 검진만 하면 CT는 필요 없다고 얘기한다. 환자는 머리가 아픈데 왜 CT를 찍지 않고 약도 주지 않는지 불만이고 엉터리 의사라고 투덜거리면서 딴 곳으로 가서 CT를 찍는다. 하지만 실제로 후배가 본 환자 중에 CT를 찍지 않아서 나중에 병이 뒤늦게 발견된 경우를 본 적은 없다.

"네가 얘기하는 것은 이상이고 너 같은 의사가 오랫동안 환자를 보기 위해서는 적당히 사진도 찍어주면서 병원을 유지하는 것이 맞지 않을까?"

"다른 곳 가서 CT를 찍는 것은 자기 선택이고, 내 판단으로 아니면 아닙니다."

그렇게 바른 진료를 하는데도 병원을 유지하기가 힘들어서 후배는 결국 문을 닫았다. 후배는 지금도 힘들게 살아가고 있고, 주위의 많은 환자들 또한 변함없이 아직도 용한 약을 찾고 자기 입맛에 맞게 사진을 찍어주는 병원을 찾아다니고 있다.

현실과 이상 사이를 어떻게 할까?

농부는 화학비료는 안 쓰지만 기계의 힘을 빌리고 최소한의 유기질 비료를 사용한다는 사실에 미안하다고 했다. 나는 그 정도는 충분히 납득할 정도라고 생각한다. 그렇게 농사를 지으면 먹고살 만한지 물었다.

"아슬아슬합니다. 깡으로 버티고 있지요. 언제 어떤 상황이 일어날지 나도 모르겠습니다."

"힘들게 규모가 큰 농지를 경영하는 이유는 실패를 하지 않기 위해서입니다."

"종류도 수십 종류를 해야 어느 한 가지가 실패하더라도 다른 것으로 수입을 보충할 수 있기 때문입니다."

아침에 밭으로 나갔다. 양배추 밭인데 두 고랑 모습이 전혀 달랐다. 한곳은 우리가 보아오던 그런 양배추 모습을 하고 있었다. 그런데 옆은 둥그런 양배추 모습이 아닌 잎이 마음대로 나 있는 형태이고 심하게 비틀어져 있었다.

"이것은 망한 농사이고 전부 버려야 합니다."

"왜 이런 현상이 생긴 겁니까?"

"양배추가 처음 자랄 때 성장점이 있습니다. 이 성장점을 축으로 해서 잎이 계속 생기면 속이 꽉 차는 보통의 양배추가 됩니다. 그런데 이 성장점을 좋아해 먹어치우는 애벌레가 있습니다. 초기에 이 애벌레를 잡지 못하면 잎은 보이는 것과 같이 울퉁불퉁한 모습으로 자라게 됩니다."

"애벌레를 없애지는 못합니까?"

"약을 치면 아주 간단합니다."

"그럼 시중에 나오는 보통 양배추는 약을 친다는 말입니까?"

"안 치면 안 됩니다."

"그럼 유기농 양배추라는 것은 무엇입니까? 유기농이라도 약을 친다는 말입니까?"

"일반 화학 농약이 아닌 유기농 기준에 맞는 약을 치게 됩니다. 그런데 그런 약은 가격은 두세 배 하고요, 효과는 반입니다."

"약값이 두 배고 생산은 반이면 보통 양배추보다 가격은 네 배를 받아야 수지가 맞겠네요? 그렇게 가격을 받습니까?"

"그렇게 비싼 값을 내고 양배추 한 포기를 사 먹을 소비자가 있겠습니까?"

떡집을 열었다가 망한 경험이 있었기에 나는 얼른 이해가 되었다. 사람들은 막연히 비싸도 좋은 제품이면 사 먹겠다고 얘기는 하지만 막상 서너 배 가격 차이가 나면 그 이유가 무엇이든 간에 그런 제품은 안 사 먹는다는 것을 나는 경험했다.

그렇다면 농민들이 해야 할 행동은 뻔하지 않은가?

"그럼 여기에서는 어떻게 합니까?"

"초기에 손으로 부지런히 잡는 방법밖에는 없습니다. 한쪽은 그렇게 한 결과 제대로 된 모습으로 자랐고, 그 시기를 잠시 놓치면 이렇게 비틀어집니다. 그런데 묘한 게 초기에 성장점이 망가지면 정상적인 동그란 양배추가 안 된다는 것이지, 시간이 지나면 옆에서 다른 성장점이 밀고 나와서 이렇게 비틀어진 모습의 양배추가 됩니다."

"사람들이 벌레가 먹어도 건강한 채소를 좋아하는데, 이런 비틀어진 양배추를 가지고 소비자를 설득하면 안 됩니까?"

"그게 어렵습니다. 우선 농민들은 대량생산을 해서 중간 상인이나 조합에 납품을 해야 하는데, 이런 상품은 그 자체로 불량품으로 찍혀 납품이 안 됩니다. 개별적인 상품을 보는 것이 아니라 일단 모양이 반듯해야 하고, 속이 차서 한 개 무게가 2~3kg은 되어야 상품이 됩니다. 이렇게 비틀어진 것은 무게가 1kg 정도밖에 되지 않으니까 상품 가치가 없는 겁니다."

"중간자인 조합의 역할이, 농민들이 건강한 먹거리를 키우는 데 이런 애로점이 있고 이런 상태를 이해해야 한다고 소비자를 설득해야 하지 않습니까? 나를 비롯한 많은 소비자가 이런 사정을 안다면 건강한 농산물을 구입하려고 할 텐데요?"

"조합이 소비자들을 설득해야 하는데 안 하고 있습니다. 그리고 많은 소비자가 아주 완강합니다. 농산물에 조금이라도 흠집이 있으면 바로 항의가 들어온다고 합니다. 어떻게 이런 것을 팔려고 보냈느냐고? 소비자를 설득하는 것은 어렵고 시간이 걸리는 일이니까 조합은 쉬운 길을 택하는 겁니다. 그냥 많은 소비자의 요구대로 모양만 보고 납품을 받고 있습니다."

그런 부분들 또한 이해가 되었다. 얼마 전 우박 맞은 사과를 곰

보 사과라고 부르면서 반값에 파는 것을 보았다. 농민들의 눈물일 텐데, 불량 사과를 팔아주자며 반값에 TV 방송 하는 것을 보고 어이가 없었다. 농민들 잘못도 아니고, 수확을 앞두고 갑자기 우박이 쏟아져서 껍질에 흠집이 좀 생겼다고 반값이라니! 그리고 불량 사과라니!

나는 외국에 나가면 항상 동네 파머스 마켓에 가서 농산물을 산다. 그리고 숙소로 돌아와 직접 음식을 만들어 먹곤 한다. 그 마켓에서는 우리는 그냥 버릴 것 같은 작고 말라비틀어지고 벌레 먹은 과일들을 제값을 받고 파는 것을 볼 수 있다. 처음에는 나도 이런 것은 공짜로 주지, 너무한 것 아니냐는 생각을 했지만 이제는 당연하다고 생각한다.

농부들은 농사짓는 것도 힘들지만 이런 부분들이 더 힘들다고 했다.

"양배추가 싹이 올라오고 벌레가 생기기 시작하면 농부는 선택의 기로에 섭니다. 굶어 죽지 않기 위해서는 약을 쳐버리면 됩니다. 아주 쉬운 길입니다."

"흔히 농사짓는 사람들이 자기들 먹을 것은 약도 안 치고 키우면서, 파는 것은 약을 친다고 도덕적으로 비난하는데 맞는 이야기입니까?"

"그런 방법으로 접근하면 안 됩니다. 그건 양심적인 문제가 아니라 생존의 문제입니다. 약 치지 않으면 농부들은 굶어 죽게 되어 있습니다."

누구나 건강한 먹거리를 얘기하면서도 약자인 농부들에게 너무 일방적으로 모든 책임을 지게 한 것 같은 미안함이 몰려왔다.

농부의 나머지 밭들을 둘러보니 벌레 먹은 가지들이 지천으로 달려 있었다. 팔지 못해서 그냥 폐기되도록 둔 것이라고 했다.

해남은 고구마가 유명하다. 물고구마이면서 당도가 아주 높다. 단단한 찰흙 때문에 그런 고구마가 생긴다. 그런데 고구마가 자랄 때 애벌레가 파먹기 시작한다. 애벌레가 먹은 고구마를 보니 많이 먹지도 않았다. 껍질 부분에 조그만 구멍만 나 있었다. 벌레에 대응해서 고구마가 생채기 주위에 단단한 막을 형성했기 때문이다. 그 부위는 쌉쌀한 맛이 난다고 했다.

"소비자들은 벌레 먹은 고구마라고, 이런 흠집이 조금 있는 고구마를 보내면 항의가 들어오고 난리입니다."

그런데 의사인 내가 보기에 이런 고구마는 건강한 고구마라 영양학적으로 아주 좋다. 쌉쌀한 맛 자체가 벌레의 침범에 대응하기 위해 고구마가 분비한 황 성분이 있기 때문이다.

나는 이런 고구마가 고맙다. 이런 사실을 일반 사람들에게 알려야 하는 것이 내 의무다.

밭을 둘러보고 숙소로 돌아왔다. 뭔가 갑갑한 마음이 들었지만, 해결책은 아주 가까운 곳에 있었다.

정리해보면 이렇다.

소비자들은 안심하고 믿을 수 있는 건강한 농산물을 먹고 싶다.

그런데 비싼 것은 싫다. 농민들은 크기나 때깔에 좌우되지 않고 제대로 농산물을 키우고 싶다. 구매해주는 안정적인 소비자만 있어주면 좋겠다.

그렇다면 소비자들이 먼저 크고 깨끗해야만 한다는 인식을 포기하면 되지 않을까? 벌레 먹고 우박 맞아 흠이 생기고, 비료를 주지 않아서 작고 비틀어진 농산물이 건강에도 좋으니까 구입하는 인식을 가지는 것이 해결책의 첫출발이 되지 않을까? 이제까지 이런 문제점을 인식하고 여러 가지 시도가 있었던 것으로 알고 있지만 성공한 경우는 없었다.

이제 다른 접근 방법으로 해결책을 모색해보는 것은 어떨까? 지금까지는 조금 더 건강한 농산물을 구하자는 것은 선택의 문제였지만, 이제는 환경호르몬의 역습을 받은 우리가 필연적으로 해결점을 찾아야 할 시점이라는 인식을 가질 때다. 깨끗하고 때깔 좋고 맛있는 것을 따질 때가 아니다. 이런 해결책을 알리기 위한 것이 내가 이 책을 쓰는 이유다.

꾸러미

집에 돌아와서도 힘들게 원칙을 지키면서 600평 땅에 농사짓는 농부가 내내 마음에 걸렸다. 농부가 하는 일을 조금이라도 도울 길이 없는지 알아봤더니 농부는 꾸러미 사업을 하고 있었다.

꾸러미는 한살림 초기에 도입했다가 흐지부지된 아이템이다. 한 달에 한 번씩 철따라 나는 다양한 농산물을 꾸려서 집으로 보내주는 프로그램이다. 농산물 재료도 있지만 현대인들이 쉽게 먹을 수 없는 먹거리를 직접 만들어 나누어주기도 한다. 오래전에 시작했는데도 아직 정착을 못한 이유는 저마다 다른 요구 사항을 가진 소비자들을 제대로 이해시키지 못했기 때문이다.

이 농부 역시 30가정만 모으면 최소한의 안정적인 수입을 확보하고 소신대로 농사를 짓겠다고 목표를 세웠다. 하지만 몇 년이 지나도 10여 가구에 머물고 있다고 했다.

당장 우리 아이들 가정으로 신청했다. 직장생활을 하는 아이들이 그런 많은 양을 다 먹어내지 못한다는 문제를 걱정했지만 우선은 시도해보자고 설득했다.

일 년이 지난 지금 우리 집에서는 꾸러미가 대성공을 했다. 우선 먹거리를 가지고 가족 간에 이야깃거리가 생겼다. 도착하는 농산물을 가지고 조리법을 상의하기도 하면서 훨씬 많은 공동의 관심거리가 생겨서 좋았다.

그리고 철마다 나는 다양한 농산물을 접하는 것도 좋았다. 사실 우리가 일 년 내내 먹는 농산물은 한정되어 있다. 먹는 종류도 항상 정해져 있다. 새로운 농산물은 쉽게 손이 가지 않기 때문이다. 그런데 이름만 들어본 꾸러미 속의 농산물이 도착하면 처음에는 고민스럽다가 귀동냥도 하고 인터넷도 뒤지면서 조리법을 연구하다 보니 훨씬 다양한 농산물을 먹을 수가 있었다.

농산물이 어떤 과정을 거쳐서 가정으로 배달되는지 이해하기 시작했고, 자연 재해로 해당 농산물을 받지 못하더라도 이해할 수 있었다.

농부의 600평 밭 구석에는 철망 울타리를 해놓고 닭을 키우고 있었다. 닭이 달걀을 낳으면 우리에게 보내주기도 하고, 병아리로 부화시키기도 했다. 꾸러미가 오면 딸은 이런저런 내용물을 이야기하고 조리법을 묻는데, 이번에는 토종 생닭이 왔다고 어떡하면 좋은지 물어왔다. 난들 이런 닭을 요리해본 적이 있었겠는가? 주위 사람들에게 물어보니 야생에서 자란 이런 닭은 하루 종일 푹 삶아야 한다고 조언해주었다.

다음 날 딸 전화가 왔다. 그렇게 푹 고아서 고기를 뜯었는데도 질겨서 이빨이 상하는 줄 알았다는 것이다. 그러면서 시중에 파는 치킨은 어떤 고기기에 그렇게 부드러울까? 그런 고기는 먹으면 안 되겠구나 하고 자기가 깨달은 바를 이야기했다.

한번은 꾸러미 바구니에 생닭이 들어 있지 않고 오소리 사진이 들어 있었다. 사연인즉 농부가 아침에 닭장에 갔더니 닭 네 마리가 죽어 있었다. 구석에는 덫에 걸린 오소리가 있었다. 그 농부는 닭고기 대신 이 사진을 찍어서 꾸러미 속에 넣고 오소리를 어떡했으면 좋겠냐고 각 가정에 여론조사를 하고 있었다. 의견들이 오고 갔다. 많은 사람이 닭을 못 먹었지만 오소리도 환경의 일부이므로 살려주자는 데 의견 일치를 했다.

이것은 아주 중요한 현상이었다. 이런 식으로 생산자, 소비자 의견을 좁혀간다면 꾸러미가 성공할 수도 있겠다는 생각을 했다.

농산물은 이런 변수가 많다. 폭염이 계속될 수도 있고, 비가 안 올 수도 있고, 수확을 앞두고 냉해가 닥칠 수도 있고, 수확 하루 전에 우박이 쏟아질 수도 있다. 그러면 농민은 사실을 알리되 소비자들이 먹지 않아도 동조할 마음이 생길 만한 이야깃거리를 만들어내야 한다.

제3의 식탁

전 세계적으로 건강하면서 지속 가능한 농업에 대해 많은 고민과 연구를 하고 있다. 인류의 건강과 맞물려 먹거리 문제에 관심을 가지는 것은 당연한 일이다.

나는 건강한 음식에 관심이 많기 때문에 자연히 서점에 가서 새로운 관점의 책이 있는지 둘러보는 습관이 생겼다. 『제3의 식탁』이라는 두꺼운 책에 눈이 가서 구입했다. 뉴욕에서 유명한 식당을 운영하는 현직 셰프의 책이다. 그냥 요리만 하는 것이 아니라 건강한 식재료를 어떻게 지속 가능하게 공급받아서 제대로 된 요리를 할까 수십 년간 고민한 책이다.

과거, 요리는 특정한 부류에게만 해당되는 말이었다. 일반 대중은 그냥 배고픔을 면하는 정도로 만족해야 했다. 자연히 요리란 격식을 갖추고 온갖 산해진미를 공들여 즐기는 귀족들만의 일이었다. 요리 자체가 화려하고 쉽게 접근할 수 없는 무거운 주제였다. 그랑퀴진Grand Cuisine이다.

그런데 제2차 세계대전이 끝나고 미국으로 건너온 유럽의 요리사들은 무거운 요리, 즉 그랑퀴진을 극복했다. 1970년대에는 누벨퀴진Nouvelle Cuisine이란 개념을 선보였다. 가벼움과 단순함. 전자레인지와 진공 포장으로 대중이 음식을 쉽게 접하도록 했다. 무엇보다 소스를 만드는 방법이 많이 바뀌었다. 소스는 음식의 맛을 결정할 정도로 요리에서 중요하다. 하지만 과거 소스는 육류나 가축의 뼈를 푹 고아서 만든 국물에 야채를 넣어서 준비해야 하기 때문에 시간과 공이 많이 들어갔다. 그리고 재료 고유의 맛을 변화시킬 정도로 소스의 맛이 강했다.

그런데 누벨퀴진의 요리사들은 아주 간단한 소스를 만들었다. 요즘 우리들이 보는 간단한 소스들이다. 쉽게 준비할 수 있고 휴대도 편하게 되어 있다. 누벨퀴진은 가히 혁명적인 변화를 가져왔다. 요리가 가벼워진 만큼 누구나 쉽게 요리할 수 있게 되었다.

신문이나 방송 등에 셰프가 출연해서 이런 가벼운 요리법을 대중에게 알려주기 시작했다. TV 방송에 요리 프로그램이 많아졌다. 자연히 요리사들의 영향력도 커져갔다.

요리의 대중화는 식재료의 대량생산을 불러왔다. 많은 양의 농산물이 쏟아져 나왔지만 질은 점점 떨어졌다. 뭔가 옛날 맛을 그리워하는 사람들에게는 불만이었다. 맛도 맛이지만 대량생산으로 불건강한 농산물이 쏟아져 나왔다. 하루가 다르게 불량 농산물에 대한 보도가 매체를 메웠다.

그러자 1990년대 접어들면서 사람들은 건강한 농산물에 관심을 갖기 시작했다. 유기농이 등장했다.

하지만 유기농에 대한 관심이 높아지고, 그 유기농도 대량생산에 들어가면서 문제점을 드러냈다.

유기농이라도 맛있고 값이 나가는 농산물이나 생선, 육류 소비만 늘어갔다. 닭가슴살, 특정한 부위의 쇠고기, 몇 가지 인기 있는 생선, 가격이 나가는 농산물 위주로 산업이 재편되었다. 지속 가능한 건강한 먹거리를 얘기할 때 항상 이런 편중된 식재료의 문제점을 얘기하곤 한다.

이런 문제점을 해결하기 위해 여러 분야에서 많은 논의가 있었다.

그런데 요리사가 이 문제를 해결하기 위해 나서야 된다고 주장한 사람이 『제3의 식탁』의 저자 댄 바버Dan Barber이다. 그는 어릴 때부터 요리사로서 경력을 쌓았다. 단순히 요리를 하는 것에서 벗어나 음식의 제대로 된 맛을 찾기 위해 전 세계를 돌아다니면서 현재 농업의 문제점을 눈으로 보게 되었다.

『제3의 식탁』은 그 해결책을 제시한 책이다. 과거 단순히 배를 채우기 위한 쉬운 밥상이 '제1식탁'이다. 좀 더 좋은 먹거리, 유기농을 찾아다닌 시기가 '제2 식탁'이다. 환경도 살리고, 지속 가능한 농업을 생각하고, 원래 고유의 식재료 맛을 살리기 위해서는 요리사가 주도적으로 식탁을 차려 내야 한다며 저자는 '제3의 식탁'을 주장한다. 현재의 왜곡된 식문화에 요리사 잘못은 없는지, 요리사로서 해결할 방법은 없는지, 그 과정을 찾아가는 책이다.

현대인들은 특정 부위—닭가슴살, 안심, 등심—를 좋아하고, 영양가가 높고 맛이 있는 특정 종류의 생선—연어, 참치—을 좋아한다. 이런 소비자의 욕구를 만족시키기 위해서는 생태계의 왜곡이 생긴다. 다양한 종류가 적당하게 공존해야 생태계가 유지되는데, 특정 부위만을 생산하기 위해서는 대량 양식이 필수적이고 사료 값의 변화로 농산물 전체의 왜곡을 가져온다.

그러면 소비자들의 입맛 변화 때문에 환경의 교란 문제가 생기는 것(축사에서 생산하는 닭이나 소들에 의해 생기는 광우병이나 조류 독감 문제, 생선 중에서도 상위 위치에 있는 연어, 참치만 잡고 나머지 어종은 바다에 폐기 처분함으로써 생기는 또 다른 환경오염 문제)에서 요리사의 책임은 없는지 고민하고 있었다.

책은 내게 깊은 감동을 주었다. 무엇보다 요리사로서 직업의 본질이 무엇인지, 음식에만 머무르지 않고 환경을 생각하고 사회적인 책임을 얘기하는 과정이 놀라웠다. 항상 의사로서 본질을 추구하고자 생각했던 내가 배울 점이 많았다. 왜 이렇게 이상한 병들이 많이 생기는지, 유방암 환자는 왜 이렇게 많이 늘어나는지, 이런 이상한 상황에서 의사는 책임이 없는지, 어떻게 해야 하는지 많은 생각을 하게 만들었다.

결국 음식은 건강과 직결된다. 그럼 음식으로 건강을 찾는 데 의사인 내가 무언가 목소리를 내야 한다고 생각한다. 의사로서 식탁의 중요성을 얘기해야 한다는 '제4의 식탁'에 대한 아이디어를 얻은 셈이다.

책을 읽다 보니 공감되는 부분도 많았고 댄 바버가 운영하는 식당에도 가보고 싶었다. 그래서 10일간 뉴욕에 갔다. 뉴욕 이스트 빌리지에 있는 블루힐 레스토랑은 미슐랭 가이드 2스타이다. 오바마 대통령도 방문한 유명한 식당이다.

나는 더 근본적인 정신을 가진 스톤반즈에 있는 블루힐 레스토랑에 예약을 했다. 뉴욕에서 북쪽으로 40분이나 떨어진 농촌인데, 한 달 전에 예약해야 했다. 저녁 식사 한 끼에 250달러(28만 원)다.

이곳은 원래 록펠러 재단의 농장이 있던 곳이었다. 알다시피 록펠러는 1870년 스탠더드오일Standard oil을 창업해서 미국 석유산업의 95%을 독점하면서 엄청난 부를 쌓았다. 돈을 위해서는 온갖 불법을 저질러서 록펠러는 불법 · 편법의 대명사이기도 했다. 그의 재산에는 항상 '더러운 돈'이란 명칭이 따라 다녔다. 결국 미국은 록펠러를 겨냥해서 1911년 독점 금지법을 만들었고 스탠더드오일은 34개 회사로 쪼개진다. 현재의 액슨 모빌, 세브린 같은 회사들이다.

하지만 1913년 록펠러 재단을 만들면서 대변신을 하게 된다. 뉴욕에 있는 유명한 건물들, 모마미술관, 링컨센터 건립에 후원하고 유엔 센터 부지 땅을 제공하기도 했다.

스톤반즈 주위는 뉴욕 거부들의 별장이 많은 곳이다. 허드슨강 주변에 있으며 넓은 농장들이 많다. 원래 이곳에 농장을 가졌던 록펠러 재단의 손자인 데이비드 록펠러는 아내 페기를 병으로 잃었다. 그는 원래 환경과 농업에 관심이 많아서 생산적인 농지 보존을 위해서 연구하고 번식용 소도 키우는 재단을 가지고 있었던 부인 페기의 뜻을 살리기 위해 무엇을 할 것인지 고민하다가 댄 바버를 만났다. 그때 이미 댄 바버는 의식 있는 요리사로서 언론의 주목을 받고 있었다.

데이비드 록펠러는 댄 바버에게 맡겨서 2004년 농장을 만들었다. 음식 농업 센터란 명칭을 가지고 있지만, 식당의 역할은 20%도 되지 않는다. 대부분은 가축을 키우고 농산물을 재배하면서 연구하는 공간이다. 건강한 농축산에 대한 연구가 주목적이다. 사람들에게 다양한 지역의 농업 프로그램을 교육하는 곳이기도 하다. 식당은 부설로 그 농장에서 나오는 재료로 운영한다. 이렇게 농장 옆에 붙어서 건강한 먹거리를 고민하는 식당—요사이 유행하는 팜투테이블Farm To Table의 대표 주자로 댄 바버가 꼽히는 이유다.

댄 바버는 현재 음식 문화에 대해 이러한 문제점을 지적한다. 사람들은 좋은 농산물인 유기농만 먹으려고 한다. 고기도 특정 부위로 스테이크를 먹고 싶어 한다. 생선도 특정 생선만 먹으려고 한다. 그러니까 요리사도 이런 요리만 자꾸 개발하게 된다. 하지만 요리사는 이런 재료가 생산되기까지 어떤 문제점을 일으키는지에는 관심이 없다. 이렇게 해서는 지속 가능한 농업 모델이 될 수 없다고 보는 것이다.

블루힐 레스토랑에서는 정해진 메뉴가 없다. 그날그날 생산되는 재료가 식당으로 공급된다. 그러면 요리사는 재료에 맞는 메뉴를 생각하고 만든다. 매일 요리가 달라지고 테이블에 따라서도 메뉴가 달라진다.

이렇게 되면 농부는 날씨도, 농산물의 모양도, 판로도 신경 쓰지 않고, 건강한 농산물만 생산하면 된다. 댄 바버는 요리사가 주도가 되는 식탁이 되어야 이제까지 뒤틀어진 농산물의 생산, 유통을 바로 세울 수 있고, 식탁 또한 건강하고 맛있어지리라고 생각한다. 대단히 획기적인 접근이었다.

우리 주위에도 자연에서 자란 재료를 그때그때 요리하는 사람들이 있다. 하지만 대부분은 그냥 그렇게 요리하는 데 머물렀지 이렇게 생태적인 의미까지 생각하면서 요리를 하지는 않는다.

《뉴욕 타임스》에서 세계를 움직이는 100인 안에 댄 바버를 넣은 이유를 알았다. 스톤반즈의 레스토랑 음식 또한 훌륭했다.

나는 병원을 개업해 27년간 운영했다. 여러 가지 변화를 겪으면서 여기까지 왔지만 궁극적으로 추구하는 것이 있다. 환자들은 저마다 다른 고민을 가지고 무언가 불편함을 호소하기 위해 병원을 방문한다.

우리 병원에서는 내가 전문으로 하는 검사를 하고 이상이 없으면 결과를 말해주고 보낸다.

때로 환자는 의사인 나와 더 많은 이야기를 나누고 싶어 하지만 다음 환자 때문에 아쉽게 돌아가는 경우도 있다. 병에 대해서 더 묻고 싶고, 병원 곳곳에 붙여놓은 내 칼럼을 읽고 이야기를 나누고 싶어 하고, 내가 어떤 건강한 음식을 먹는지 궁금해하는 사람들도 있다. 뒤뜰의 한입 별당은 무엇을 하는 곳인지 알고 싶어 하는 사람도 있고, 그냥 자기 고민이 있는데 의사하고 얘기 나누면 좋을 텐데 하는 사람도 있다.

그런데 내가 환자를 지금처럼 보는 상태에서는 그렇게 할 수가 없다. 우리 병원에는 간호사들이 다른 병원보다 많은 편이다. 나는 간호사들에게 환자와 상담을 많이 하라고 당부한다. 기다리는 동안 환자 혼자 두지 말라고 얘기한다. 이런저런 얘기를 물어서 환자와 교감을 쌓으라고 권유한다. 그리고 나한테 정보가 될 만한 것은 얘기해달라고 한다. 그 과정을 통해 나는 상황을 파악하고 핵심적인 부분만 환자와 얘기를 나누고자 한다. 그래도 아직 많이 부족한 부분들이 있다.

그런데 블루힐 레스토랑에서는 놀랍게도 이런 방법을 적용하고 있었다. 레스토랑은 구역이 크게 세 부분으로 나누어져 있다. 요리하는 주방, 주문 받는 직원, 그 중간에 요리사가 있다.

주문 받는 직원은 그냥 메뉴만 주문 받지 않는다. 손님은 어디서 왔는지, 기호, 버릇, 취미 등 온갖 얘기를 나눈다.

아주 상세한 내용도 있다. 이 손님은 음식 맛을 주로 본다, 음식보다 이런 식당을 운영하는 철학을 보고 싶다, 평범한 요리를 좋아한다, 호기심이 많아서 별난 맛을 좋아한다, 알레르기가 있다, 등등 직원은 그 테이블 손님에 대해 정리해서 중간의 요리사에게 정보를 알려준다. 요리사는 그 정보에 걸맞은 메뉴를 생각해내고 주방에 오더를 내린다.

나는 한국에서 왔다, 의사로서 건강한 음식에 관심이 많다, 특별히 원하는 메뉴는 없으며 맛에 초점을 맞추지 말고 건강을 기준으로 음식이 나왔으면 좋겠다는 주문을 했다.

나는 어느 식당을 가든지 요리를 맛 하나만 가지고 평가하지는 않는다. 요리에 의미를 부여하고 그 기준에 맞으면 그냥 죽 한 그릇이라도 굉장한 음식이라고 생각한다. 그런 의미에서 블루힐 레스토랑의 요리인들 뭐 그리 특별한 것이 있겠는가? 의미가 특별하니까 음식은 아주 좋았다고 하는 것이다.

식사 중간에 와인을 가져왔기에 나는 술에 과민 반응이 있다고 얘기하면서 거절했다(나는 술을 못 마신다. 전신이 붉어지고 못 견디는 경우가 있다). 술이 약하다는 이야기를 영어로 어떻게 얘기할지 몰라서 과민 반응이 있다고 얘기했다. 종업원이 매니저한테 가더니 같이 와서 내가 괜찮은지 물었다. 지나간 요리에 와인이 살짝 들어간 것이 있는데 내가 과민 반응을 일으킨다니까 체크하러 온 것이었다. 정말 괜찮다고 일어섰다 앉았다 하는 행동으로 보여주고 ABCD를 똑바로 발음하며 안심시켰더니 돌아갔다.

손님이 종업원과 요리사와 소통하는 과정이 재미있었다. 그렇게 블루힐에서 보낸 세 시간의 음식 시간은 황홀하게 지나갔다.

새로운 구상

블루힐 레스토랑은 내게 많은 아이디어를 주었다. 요리사 댄 바버는 다른 요리사와는 달랐다. 요리만 한 것이 아니라 환경을 생각하고, 지속 가능한 농업을 생각하고, 그러면서 음식을 생각할 때 요리사의 역할이 중요하다는 결론을 내리고, 실제로 활동도 하고 있었다.

요사이 각 나라마다 요리사들의 TV 출연도 많아지고 영향력이 커지면서, 그 명성을 이용해서 더 나은 세상으로 바꾸고자 노력하는 모습이 많이 보인다.

페루의 유명한 요리사 가스통 아쿠리오Gaston Acurio가 대표적이다. 요리를 통해서 가난한 청소년들이 사회에 자리 잡을 수 있는 프로그램을 만들고 있다. 페루는 남미에서 아주 독특한 식문화를 가지고 있다. 잉카 문명을 가진 원주민과 유럽, 아시아에서 많은 이민자가 유입된 나라로서 바다와 산악 지역에서 나는 다양한 식재료 때문에 아주 뛰어난 음식 문화를 가지고 있다. 하지만 페루의 음식은 이제까지 세상에 잘 알려지지 않았다. 누군가는 페루 음식이 지구상에 마지막 남은 숨은 보석이란 평가를 할 정도다.

가스통 아쿠리오는 이런 페루의 다양한 식문화를 세계에 알린 공이 크다. 페루뿐만이 아니라 남미 전역 및 미국, 유럽에 수십 개의 카페, 식당을 운영하는 대표자이기도 하다. 아쿠리오는 자기의 성공에 만족하지 않고 저소득층을 위한 요리 교실도 열고 공익적인 일도 많이 하는 현재 페루에서 가장 존경받는 사람이다.

그는 동료 요리사들에게는 항상 사회 참여를 독려한다.

"적게 말하고 행동을 더 하자Talk less, Act more."

요리사들이 자기 지위를 이용해서 신문이나 방송에 나와서 현란한 말로 소비자를 현혹시키지 말자고 주장한다. 오히려 자기가 고용하고 있는 외식업계 종업원의 근무 환경을 개선하고, 희망을 잃고 굶주리는 청소년이 살아가는 데 도움이 될 실제적인 행동을 많이 하도록 독려한다.

선배 의사 중에도 뛰어난 분들이 많이 있다. 의과대학 시절 남미 대륙을 오토바이를 타고 일주하면서 부조리한 사회현상에 눈을 뜨고, 혁명 전선에 뛰어들어 쿠바를 변화시키고, 볼리비아에서 전사한 체 게바라는 아직까지 많은 사람의 존경을 받고 있다.

닥터 노먼 베쑨은 자기가 젊은 시절 걸렸던 폐결핵이 결국은 가난 등 불합리한 사회제도 때문에 생겼다고 판단하고, 미국에서 성공적인 의사의 길을 포기하고 사회 개혁에 몸담았다. 스페인 내전을 거쳐 열악한 중국 현장에 뛰어들었다가 파상풍에 걸려 죽었지만 아직도 중국에서는 아주 존경받는 인물이다.

장기려 박사는 성공적인 삶이 보장된 평양, 서울의 대학 병원 생활을 포기하고 직접 환자와 접촉하는 의료 현장에 뛰어들었다. 부산에서 최초의 의료보험조합인 청십자 조합을 만들었고 평생 청빈의 길을 걸어서 지금까지 많은 사람의 존경을 받고 있다.

이런 분들은 환자의 병 치료에만 전념한 것이 아니라, 잘못된 의료 제도를 고치고 부조리한 사회 현장에 기꺼이 자신의 몸을 던졌다. 그리고 세상을 조금씩 바꾸어나갔다.

나는 의사로서 본연의 의무를 다하고 있는가? 유방암 진단을 효율적으로 하기 위한 제도를 시작한 것은 의미 있었지만, 늘어나는 유방암이나 다른 난치병에 대해서 의사로서 할 역할은 없는지 진지하게 고민해봤는지를 자문했다.

내가 외국에 나가서도 숙소에서 음식을 해먹는 이유는 식당 음식을 먹으면 속이 불편한 것도 있지만, 우리보다 채소의 종류가 많아서 요리를 연습하기에 좋기 때문이다.

뉴욕에는 유니언 스퀘어 광장에서 일주일에 며칠은 파머스 마켓이 열린다. 규모도 엄청나고 먹거리 종류도 많아서 뉴욕에 갈 경우 나는 여기서 많은 시간을 보낸다. 6년 전 처음 갔을 때 여러 빵가게를 돌아다니면서 종류별로 조금씩 구입했다. 그곳에 머무는 일주일 동안 먹었는데 한 군데 빵이 가장 마음에 들어서 주소를 보관하고 있었다.

그리고 이번에 뉴욕을 가기 전 메일을 보냈다. 6년 전 방문했었는데 아직도 파머스 마켓에 나오고 있는지 문의했다. 반가운 인사와 함께 곧 답장이 왔다. 아직 참가하고 있지만 자기는 뉴욕 북쪽 100km 떨어진 곳에서 직원이 100명이나 되는 식당을 세 개나 운영하고 있어서 이제는 직원만 가 있다고 했다. 내가 건강한 음식에 관심이 있어 건강한 빵을 찾고 있다고 했더니 자기는 유대인이고 유대인의 코셔Kosher 음식에 관심이 있으면 자기 식당을 방문해도 좋다고 했다. 마중을 나갈 것이고 머무는 장소도 제공하겠다고 했다. 좋은 인연이라고 생각하고 스케줄을 조정했는데, 내가 방문하는 동안 그가 유럽에 휴가를 가기 때문에 다음에 방문하기로 약속했다.

이런 인연으로 지금도 메일을 주고받는 사이가 되었다. 뉴욕에 다녀온 후 그에게 블루힐 레스토랑에 대해 가졌던 좋은 감정을 이야기했다. 그런데 그는 부정적인 이야기를 했다. 뜻은 좋은데 그렇게 비싼 식당에 얼마나 많은 사람이 갈 수 있을 것이며, 그래서 어떻게 지속 가능한 농업에 대해 얘기하겠느냐는 지적이었다. 맞는 이야기이기도 했다.

그럼 건강한 먹거리, 지속 가능한 농업에 대해 의사가 이야기하면 되지 않을까 하는 생각이 머리를 스쳤다. 의사가 주체가 되어서 건강한 음식과 농업에 대해 얘기하는 '제4의 식탁'은 어떨까?

제4의 식탁

의사로서 내가 할 일을 점검해봤다. 대부분 병의 원인은 복합적이다. 담배 피우면 폐암이 걸린다고 알고 있지만 폐암의 30%는 비흡연자이다. 유방암의 90%는 수유를 하고 가족력이 없어도 걸린다. 채소만 먹고 운동을 열심히 해도 대장암에 걸리기도 한다. 단지 확률의 문제이지 한 가지 이유만으로 어떤 암이 생기지는 않는다. 그렇다고 암의 원인이라고 알려진 개별적인 원인들을 무시할 수는 없다. 금연도 중요하고, 운동도 중요하고, 채식 위주의 식사도 중요하다.

암의 많은 원인 중에서도 현재 가장 크고 시급한 문제는 환경호르몬이다. 환경호르몬은 먹고 마시고 숨 쉬고, 입는 옷과 씻는 세제 등을 통해서 우리 몸으로 들어온다. 우리들의 모든 현대 생활과 관계있다고 보면 된다.

환경호르몬 섭취를 줄이는 노력은 중요하다. 미세먼지를 적게 마시고, 일회용품 사용을 줄이고, 먹거리는 건강한 것을 택해야 한다. 유기농이 좋지만 가격이 만만치 않다. 유기농이 아니라도 좋다. 농약이 묻어 있는 농산물을 어떻게 먹으면 좋은지 방법은 많이 알려져 있어서 여기서는 생략한다.

유기농보다 더 중요한 것은 무엇을, 어떻게 먹을 것인가이다. 환경호르몬은 지구상 모든 생물의 지방에 축적된다. 먹이사슬의 최종 소비자인 인간이 환경호르몬에 오염된 지방을 섭취하면 우리 인체의 지방에 축적되어 오랫동안 혈액 속에 환경호르몬을 서서히 내보내면서 암, 치매를 비롯한 온갖 생활습관병을 만든다. 환경호르몬 섭취를 줄이기 위해 채식 위주의 음식을 먹어야 하는 이유다.

그리고 조리 방법을 굽고 튀기는 것이 아니라 그냥 먹거나 쪄서 먹도록 하면 된다. 많은 생활용품들도 환경호르몬을 생각해서 고르도록 하자. 일회용 컵을 줄이고, 첨가물이 덜 들어간 세제를 쓰고, 모든 생활용품을 사용할 때 첨가물을 확인하는 습관을 갖도록 하자. 쉽지 않은 일이지만 환경호르몬 섭취를 줄이는 생활 습관을 가지는 것은 중요하다.

이렇게 환경호르몬 섭취를 줄이는 데 신경을 써도 한계가 있다.

〈산모 80% 이상에서 환경호르몬 검출—아이 뇌신경 발달에 영향 미쳐〉 최근에 나온 신문 기사 제목이다. 우리나라에서도 이런 연구 결과가 자주 등장하며 위험성을 경고하고 있다. 국내에서 산모가 분만을 하고 난 후 탯줄의 혈액, 소변과 모유를 분석했더니 80% 이상에서 여러 가지 환경호르몬이 나오고 있다는 보고다. 이것은 굉장히 충격적인 사실이고 거의 20년 전부터 세계에서 많은 보고를 하고 있었지만 사람들은 무덤덤했다. 설마 하는 마음이 주이고, 당장 우리들 몸에 이상을 일으키지 않기 때문에 심각성을 못 느끼는 것이기 도 하다.

하지만 의료 현장에서 오래 있어 본 나 같은 사람들은 이런 현상이 심각하게 느껴진다. 이런 기사의 끝에는 항상 해결책을 제시하고 있다. 환경호르몬을 많이 포함하는 육류나 기름에 튀긴 것을 피하고 채소를 많이 먹고 일회용 용품 사용을 줄이고, 몸의 신진대사를 위해서 운동을 열심히 하라는 것이다. 맞는 말이다. 신경 써야 한다.

〈태평양 한가운데 8,000m 심해에서도 환경호르몬 발견〉

〈북극 빙하에서도 환경호르몬 발견〉

〈미세 플라스틱의 습격. 유명 생수에서도 발견. 한 사람 평균 일 년에 1만 개 이상, 즉 한 끼 식사에 미세 플라스틱 100조각 삼키는 격〉

건강을 위해서 청정 지역에서 구한 농수산물을 먹고 있었는데, 이런 기사들이 올라오면 우리는 당황한다.

그럼 도대체 무얼 먹어야 하는가?

〈햄에서 발암물질 발견〉

〈모차렐라 치즈에서 유해 물질이 나와 수입 판매 금지〉

〈플라스틱 용기에서 유해 물질 나옴〉

무엇이 안전한지 신경 쓰고, 표지에 기록된 함유물을 확인하고, 허용량 이하라고 안전하다고 믿었는데, 하루가 다르게 이런 ㅂ도들이 나오면 소비자들은 절망한다. 생활용품을 전부 포기할 수도 없고, 지금은 괜찮다고 얘기한 물품이 내일은 해로울 수도 있기 때문이다.

우리가 환경호르몬 배출에 신경 써야 하는 이유다. 사실 배출이 더 중요하다. 배출에는 앞에서도 밝힌 바와 같이 파이토케미컬이 중요하다. 환경호르몬을 대변으로 배출시키는 데 파이토케미컬이 아주 중요하다. 역시 채식이 답인 이유다.

채식이 건강에 중요하다는 이야기는 이제까지 누구나 다 알고 있는 사실이었다. 나도 실제 채식을 하면서 직접 몸의 건강함을 느꼈다.

채식이 좋은가, 육식을 하는 것이 좋은가 많은 논쟁이 있었다. 나는 바른 조리법만 시행한다면 무엇이든 다 좋다고 생각한다. 영양학적으로 채식이냐 육식이냐를 따질 것이 아니라, 환경호르몬 측면에서 얘기할 때 채식은 피할 수 없는 선택이다.

그런데 채소도 다 같은 채소가 아니라는 사실을 알았다. 우리는 채소나 과일이 다양한 영양분이 많다고 알고 있지만 과거와는 많이 달라져 있다.

요즘 과일은 대부분 당도로 등급을 측정한다. 과거보다 많이 달다. 거의 설탕물 수준이다. 과거 여름에 수박을 먹을 때 수박은 얼음과 설탕을 섞어서 먹어야 맛이 있었다. 요즘 과일은 많이 먹으면 안 된다. 당분만 많기 때문이다. 한 번에 한 조각 정도 먹는 것이 좋다.

채소도 똑같은 채소가 아니다. 대부분은 비닐하우스에서 벌레의 공격 없이 자라거나 수경 재배로 비료의 도움으로 키우기 때문에 크고 모양도 좋다. 이런 경우 채소의 모습을 띠고 있지만 건강에 중요한 무기질 영양소인 미네랄mineral이나 특히 중요한 식이섬유는 아주 적다. 부드러운 맛뿐이다.

요즘 '먹방'이 대세다. 이 식품은 어떤 영양소가 있고, 몸 어디에 좋다는 멘트는 꼭 따라다닌다. 하지만 미네랄이나 식이섬유가 어느 정도인지 과거 수치만 가지고 소비자에게 권유하고 있다. 한때는 발효 음식이 유행을 타서 전 국민이 메실 엑기스를 만들어 마셨고, 요즘에는 또 온갖 식초가 유행을 타고 있다.

먹는 것이 곧 약이라는 약식동원藥食同源이란 말에 누구나 고개를 끄덕인다. "음식으로 못 고치는 병은 의사도 못 고친다"는 히포크라테스의 말은 불안한 현대인에게 희소식이다. 수많은 좋은 먹거리들이 소개되고 많은 사람이 따라 하지만 병은 점점 더 늘어간다. 그냥 채소를 많이 먹고, 좋다는 음식만 먹으면 병이 없어질 수 있는지 의심을 해봐야 한다.

내가 먹는 채소는 억세다. 노지에서 물도 제대로 공급을 못 받고 벌레의 공격을 받으면서 거칠게 자란 채소다. 당연히 식이섬유는 아주 많다. 대부분의 사람이 맛이 없다고 피하는 채소다.

이제는 이런 채소를 가지고 요리하면서 식이섬유가 어느 정도이고 건강에는 어떤 영향을 미치는지 얘기해야 한다. 병은 워낙 복합적인 원인을 가지고 있으므로 나의 이런 제안이 모든 병을 예방한다고 주장하는 것은 아니다. 첫 시작을 이렇게 하자는 것이다.

요즘 하루가 다르게 변하는 환경 변화와 앞으로 인류에게 닥칠 위험성에 대해서 많은 경고를 하고 있다. 하지만 나는 확신한다. 인간은 열악한 환경에서 수백만 년에 걸쳐 최종적으로 살아남았고 이렇게 진화했기 때문에 앞으로도 어떤 형태로든지 이런 험한 환경에 적응해서 살아남을 것이다.

100~200년 이후가 될 수도 있다. 그런데 지금 현재 우리가 많은 병으로 고생하고 있다. 힘들다. 지금 당장 건강하게 살아남기 위해서는 미루어서는 안 된다. 채식을 해야 한다. 채식도 거친 채소를 먹어야 한다. 그러기 위해서는 우리 인식을 바꾸어야 한다.

우선 소비자로서 거친 농산물을 찾도록 하자. 우리는 불안한 먹거리를 걱정하면서 어디서 구해야 할지 제대로 된 먹거리를 찾아다녔다. 농부들이 자기들 먹을 것은 약도 안 치고 따로 경작하면서 시중에 파는 농산물은 약을 잔뜩 친다고 비난했다. 농부들이 약을 안 치고 말라비틀어지게 키워놓아도 알아주지도 않고, 사주지도 않고, 이런 농산물을 가지고 제값을 받으려고 했느냐고 비난한 우리들 잘못은 없는지 생각해봐야 한다.

십자화과 채소의 성장점에서 싹을 초기에 먹어버리는 배추흰나비 애벌레와의 관계를 생각할 때, 건강한 농산물을 단순히 모양만 보고 채소의 질을 진단하는 우를 범하지는 말았으면 한다.

고구마를 애벌레가 좀 먹었다고, 사과가 우박 맞아서 구멍이 좀 났다고 반값으로 떨어졌다고 하면 우리가 오히려 제값을 주고 사 먹어야 한다. 농산물은 공산품과 달라서 변수가 많은 것이라고 생각하고, 그 가치를 인정해야지 단순히 무게나 빛깔로 값어치를 계산하는 어리석음은 범하지 않았으면 한다.

『제3의 식탁』에서는 요리사의 역할을 이야기했다. 요리사는 요리만 하면 되지 왜 땅에 대해서, 비료에 대해서, 벌레에 대해서 관심을 가져야 하는가?

지구상의 모든 생물체는 서로 경쟁하고 보완하는 관계다. 유목민은 좋은 풀을 찾아다닌다. 과거에는 유목민이 선택한 풀을 소는 먹기만 하는 줄 알았다. 그런데 풀밭에 소를 풀어놓으면 소는 아무 풀이나 먹지 않는다. 다시 한 번 자기가 좋아하는 풀인지 확인한다는 것을 발견했다. 입 주위에 나 있는 부드러운 털로 풀밭을 탐색한다. 맛있는 풀을 찾는 것이 아니라 다양한 미네랄이 들어 있는 영양가가 풍부한 풀을 뜯어먹는다. 이건 소의 입장이다.

풀은 자기 성장과 번식을 위해 다양한 영양분을 쌓아두고 있다. 그런데 소가 와서 풀을 뜯어먹는다. 자기를 방어하기 위해 여러 화학물질(파이토케미컬)을 내놓는다. 이건 풀의 입장이다.

이렇게 물고 물리는 관계로 전 우주가 연결되어 있다. 인간은 소도 먹고, 풀도 먹는다. 그럼 인간이 건강하기 위해서는 건강한 풀과 소를 먹으면 된다. 건강한 소와 풀이란 어느 한쪽으로 치우치지 않은 서로 경쟁과 균형 관계에 놓인 것을 말한다.

『제3의 식탁』에서 요리사는 이런 경쟁 관계에 있는 재료를 균형

있게 사용할 줄 알아야 한다고 주장했다. 그러기 위해서는 요리사가 요리만 해서는 안 되고 다양한 부분에 관심을 가져야 한다. 그래야 사람들이 건강한 음식을 먹고, 지속 가능한 농업도 가능하다고 보는 것이다.

비슷한 논리로 나는 요리에서 의사의 역할을 강조한다. 현재 병원은 검사를 위주로 한 환원주의와 그 결과에 따른 약 처방이 전부이다. 비만이 있으면 그냥 음식 조심해서 살을 빼는 것이 좋다는 그 정도만 이야기하고 있다. 그리고 고혈압, 당뇨, 고지혈증이 있으면 약만 처방하면 그만이다. 고혈압이나 콜레스테롤에 대한 약 사용은 점점 더 늘어가고 있다. 70세 이상 노인 80%가 약에 의존하고 있다는 보고도 있다. 심근경색으로 스텐트stent를 넣었는데도 "이제 치료되었습니다" 하고 안심시키고 있다. 이제 병의 시작인데.

2016년부터 비만이 너무 심해서 고도 비만이 되면 수술로 비만을 치료하는 것을 보험으로 인정하고 있다. 환자 의지로 비만 조정을 못하니까 수술로 많이 못 먹도록 위장을 줄여버리는 것이다.

강제적으로 못 먹어서 살이 빠진다면 그게 건강한 것일까? 환자들도 살 빼는 것이 힘들고 시간이 걸리므로 귀찮은 방법을 선택할 생각도 없고, 음식 조심하고 운동하라는 이야기도 듣기 싫고 그냥 약 한 알 먹거나 수술로 해결하기만 바라고 있다.

왜 의사가 농사에 대해, 먹거리에 대해, 음식물 쓰레기에 대해 관심을 가져야 하는가? 먹는 것이 생활습관병의 원인이기 때문이라고 얘기하면 맞는 말이다. 그러나 이 말은 50%만 맞다. 무엇이 부족하니까 이것을 보충하고, 무엇을 먹으면 건강하다는 기존의 영양학적이고 분석적인 접근 방법은 역시 50%만 맞는 이야기다.

이제 의사는 환자에게 분석적이고 영양학적인 음식을 권유할 것이 아니라, 약 처방과 더불어 환경호르몬 배출에 좋은 음식에 대해 얘기를 해줘야 한다. 일반 소비자들은 건강한 음식 재료를 구할 정보력이 없다. 그냥 소문으로 유기농 매장을 찾아서 비싼 돈 주고 재료를 사서 요리해 먹으면 건강한 것으로 알고 있다. 병 종류에 따라 어떤 환경에서 자란 음식을, 어떻게 먹고, 어떻게 요리해야 하는가를 의사가 가르쳐야 한다. 맛 위주가 아니라 건강 위주로 음식을 먹도록 권유해야 한다. 그래야 땅도 살고, 농사도 살고, 우리 몸도 건강하게 살 수 있다. 더 나아가 음식물 쓰레기로 인한 여러 가지 문제점—환경오염, 천문학적인 처리비용, 결국은 인간의 질병 증가—에 대해 우리 모두 경각심을 갖도록 앞장서서 알려야 한다.

해남에서 한 달에 두 번 내게 보내오는 농산물. 시중에 팔지 못하는 벌레 먹고 억센 농산물만 골라서 보낸다. 나는 제값을 주고 받고 있다. 꾸러미가 오면 나는 요리 연습을 한다. 이런 농산물을 어떻게 요리해야 맛있게 먹을까 메뉴를 연구한다. 쉽지 않은 일이지만 벌써 이런 재료로 건강하고 맛있는 메뉴를 서너 개 개발해냈다. 연습한다고 하루에 여섯 끼를 먹은 적도 있다.

농민이 거짓말하도록 만들고 진정한 농민들이 죽도록 만들면 우리들의 건강도 같이 죽는다. 식이섬유의 놀라운 효과를 아는 의사가 나서서 그 효능을 설명하고, 농부들은 그런 건강한 농산물을 생산하고, 소비자는 그런 농산물로 음식을 만드는 그런 식탁—의사가 주도적으로 건강한 먹거리를 알리는 '제4의 식탁'을 제안한다.

살구나무 병원

병원 대문 밖에 살구나무를 심었다. 살구나무는 병원을 상징한다. 중국 주나라에 동봉이란 의사가 있었다. 환자들은 치료비 대신에 살구나무를 가져왔다. 살구나무는 열매, 씨 등이 약용으로 유용하게 쓰이기 때문이다. 시간이 지나자 병원 주위는 살구나무 숲(행림杏林)을 이루었다. 그 병원은 내가 추구하는 병원의 모델이다.

늘어나는 유방암의 조기 검진은 중요하다. 나는 계속 조기 암 발견에 힘을 기울일 생각이다. 그리고 한입 별당에서 생활 습관 이외에 무엇이 병의 원인이 되는지 함께 고민할 생각이다. 이야기하고 자세히 따지면 의외의 원인이 나오는 경우도 있다.

아는 분이 나에게 상담을 요청했다. 검사를 했더니 당뇨, 고혈압, 고지혈이라고 했다. 종합병원에서 권유하는 상담실에 갔더니 여러 가지 좋은 생활 습관을 가지라고 했는데, 자기가 조심할 부분은 하나도 없다는 것이었다. 그분은 나와 같이 철저한 채식을 하고 소식을 하고 있으며 체중 관리 또한 엄격했는데, 그런 결과가 나왔으니 당황스럽다는 것이었다.

그런데 더 당혹스러운 것은 병원에서는 자기의 그런 생활 습관을 물어보지도 않고 정형화된 권유 사항만 쭉 나열하고, 결국 고혈압, 당뇨, 고지혈 약을 먹으라는 처방을 받았다는 것이었다. 얘기를 쭉 들어보니 왜 병이 생겼는지 나도 이해 안 되는 부분이 많았지만, 일단 고쳐야 할 생활 습관도 몇 가지 눈에 띄었다.

병의 원인은 복합적이라서 완벽한 생활 습관을 가지더라도 이상이 생길 수 있다. 그러니 환자의 생활 습관을 우선 파악하고, 어떤 부분을 조절할지 개인에게 맞는 해결책을 찾아가는 공간으로 병원을 만들고 싶다.

현재 무너진 먹거리에서는 건강한 농산물을 생산하는 농민의 역할이 무엇보다 중요하다. 농민의 노력이 제대로 보상을 받고 환경호르몬 배출에 좋은 든든한 식이섬유를 가진 농산물을 공급할 수 있는 시스템을 만드는 데 한입 별당이 정류장 같은 역할을 하고 싶다. 한입 별당은 커뮤니케이션 플랫폼communication platform이다.

나는 병원이 다양한 의견을 가진 사람들이 모여서 변해가는 환경에 대해, 증가하는 질병에 대해, 건강한 먹거리를 어떻게 생산하고 소비할 것인가에 대해 서로 의견을 나누고 실제적인 대안을 찾아가는 공간이 되기를 원한다.

제4의 식탁
임재양 © 2018

초판 1쇄 발행일 | 2018년 11월 15일
초판 4쇄 발행일 | 2024년 9월 27일

지은이 | 임재양
펴낸이 | 사태희
디자인 | 엄세희
편 집 | 한승희
마케팅 | 장민영
제작인 | 이승욱 이대성

펴낸곳 | (주)특별한서재
출판등록 | 제2018-000085호
주 소 | 08505 서울특별시 금천구 가산디지털2로 101 한라원앤원타워 B동 1503호
전 화 | 02-3273-7878
팩 스 | 0505-832-0042
e-mail | specialbooks@naver.com
ISBN | 979-11-88912-29-2 (03590)